西部季风

常绿阔叶林常见植物图谱

李帅锋　李智宏　郎学东　苏建荣
徐崇华　张登林　王发忠　刘万德　◎著

科学出版社

北京

内 容 简 介

　　本书收录了分布于西部季风常绿阔叶林中较常见的野生植物及部分邻近区域的栽培植物，共计145科469属730种，其中蕨类植物18科27属28种、裸子植物5科5属5种、被子植物122科437属697种。本书中收录的蕨类植物、裸子植物和被子植物分别按照秦仁昌系统（1978年）、郑万钧系统和哈钦松系统排列。所有植物的拉丁名和中文名均采用《中国植物志》及 *Flora of China*（《中国植物志》英文修订版）的正式用名，如两者有冲突，则采用 *Flora of China* 的植物命名。书中介绍了每种植物的中文名、拉丁名、形态特征、花果期及生境，并附有中文名索引和拉丁名索引，便于读者查找。

　　本书主要以原色图片形式展现植物的形态特征，图片精美，分类特征突出，适合植物学、生态学和林学等学科的科研人员、大中专院校师生及广大植物爱好者参考使用。

图书在版编目（CIP）数据

西部季风常绿阔叶林常见植物图谱 / 李帅锋等著. —北京：科学出版社，
2020.3

　ISBN 978-7-03-064521-0

　Ⅰ.①西…　Ⅱ.①李…　Ⅲ.①季风区－常绿阔叶林－植物－图谱　Ⅳ.
①S718.54-64

中国版本图书馆CIP数据核字（2020）第033004号

责任编辑：张会格　高璐佳 / 责任校对：郑金红
责任印制：肖　兴 / 封面设计：刘新新

斜 学 出 版 社 出版

北京东黄城根北街16号
邮政编码：100717
http://www.sciencep.com

北京九天鸿程印刷有限责任公司 印刷

科学出版社发行　各地新华书店经销
*
2020年3月第 一 版　开本：889×1194 1/16
2020年3月第一次印刷　印张：12
字数：350 000

定价：198.00元

（如有印装质量问题，我社负责调换）

序

在《西部季风常绿阔叶林常见植物图谱》一书付梓之际，我应邀为该书作序。

季风常绿阔叶林是亚洲的主要植被类型之一，它分布于热带季雨林、雨林与典型常绿阔叶林之间的过渡地带，即仅分布于南亚热带。季风常绿阔叶林的灌木层、草本层及其层间植物多属于热带成分，但其乔木层的物种仍以壳斗科、樟科、木兰科和山茶科占优势。由于季风常绿阔叶林汇集了热带雨林和常绿阔叶林的种类组成，其物种丰富程度远远超出常绿阔叶林的其他类型，甚至超过了热带雨林。

云南的西南部保存有原始的季风常绿阔叶林及其所构成的森林生态系统，是云南"动植物王国"的精华所在。独树成林、绞杀植物、空中花园等热带森林景观随处可见，大象、犀鸟等飞禽走兽多为国家级珍稀濒危物种。云南季风常绿阔叶林及其所构成的森林生态系统是中国西南部重要的生态安全屏障。但是，由于橡胶、香蕉、咖啡、茶叶等热带经济植物的过度种植，云南南亚热带的季风常绿阔叶林受到严重威胁。因此，生物多样性保护专家高度关注该区域的自然保护。自2008年以来，该书的多位年轻作者就致力于我国西部季风常绿阔叶林的群落生态学研究，尤其是对人为干扰对季风常绿阔叶林演替动态的影响做了深入的研究，取得了多方面的成果。其中，《西部季风常绿阔叶林常见植物图谱》一书展示了该区域季风常绿阔叶林中常见的730种高等植物，除植物特征的特写镜头外，还配以分类特征及生境描述，为云南南亚热带季风常绿阔叶林的生物多样性保护提供了重要参考资料。

我相信《西部季风常绿阔叶林常见植物图谱》一书的出版，将有助于云南生物多样性的有效保护，以及该区域的可持续发展。

陆树刚

2019年8月1日于云南大学东陆园

特殊的地形、地貌和复杂的气候条件孕育了云南省丰富的生物多样性，使其成为中国生物多样性最丰富的省份和具有全球意义的生物多样性保护的关键地区之一，并获得"动植物王国"的美誉。云南省的面积仅占全国的 4% 左右，却拥有全国一半以上的高等植物，而且很多都属于珍稀、特有或古老的类型。随着全球气候变化及人类活动的加剧，保护云南省的生物多样性及陆地生态系统刻不容缓，且任重道远。

20 世纪以来，云南省主要的地带性植被——季风常绿阔叶林的面积日益萎缩，依赖其生存的物种的灭绝风险急剧增加。云南省季风常绿阔叶林的物种组成及群落结构与我国东部的季风常绿阔叶林有较大的差异，通常被称为西部季风常绿阔叶林。西部季风常绿阔叶林处于南亚热带向北亚热带过渡的地区，具有较强的过渡性，植物多样性极其丰富、热带植物成分较多，是我国生物多样性保护的关键区域之一。近年来，在西部季风常绿阔叶林中不断有植物新种被发现，丰富了我国的物种多样性及植物基因库。普洱太阳河省级自然保护区是云南省唯一以季风常绿阔叶林保护为主的自然保护区。科学考察记录表明，在保护区 7035hm² 的区域内有记录的高等植物就有 2104 种，其中国家级重点保护野生植物多达 36 种。

笔者自 2008 年开始从事西部季风常绿阔叶林的恢复生态学研究，对植物多样性和区系组成开展了重点研究，并在长期的野外工作中积累了大量的野生植物图片。为更好地理解西部季风常绿阔叶林的科学价值、准确识别林内植物的种类、深入研究林内植物的多样性，现将相关图片分析、整理，形成《西部季风常绿阔叶林常见植物图谱》一书。本书共收录西部季风常绿阔叶林中较常见的野生植物及部分邻近区域栽培植物 730 种，共计 145 科 469 属。其中蕨类植物 18 科 27 属 28 种，裸子植物 5 科 5 属 5 种，被子植物 122 科 437 属 697 种。本书中收录的蕨类植物、裸子植物和被子植物分别按照秦仁昌系统（1978 年）、郑万钧系统和哈钦松系统排列。

笔者对季风常绿阔叶林的最初认识源于我的博士研究生导师苏建荣研究员主持的"西部南亚热带常绿阔叶林退化机制与生态恢复"项目（项目编号：CAFYBB2008001）的研究。研究过程中，我们系统调查了普洱林业学校（现普洱市职业教育中心前身之一）林场的季风常绿阔叶林，并在样地调查、植物标本采集和鉴定过程中提高了认知植物的能力。随后完成了太阳河省级自然保护区和滇西南季风常绿阔叶林的群落调查，又参与了苏建荣研究员主持的国家林业和草原局云南普洱森林生态系统国家定位观测研究站（下称"普洱生态站"）的建设工作及"滇南高储量人工碳汇林营造技术研究与示范"项目（项目编号：2013RA004）的研究，对普洱市的季风常绿阔叶林和思茅松林进行了多次且多点的调查，丰富了对季风常绿阔叶林及其演替系列植物多样性的认识和理解。2013 年底，在完成普洱生态站长期固定样地建设的过程中，我们在长期的野外工作中收集了大量的植物图片。2016 年底，在普洱生态站季风常绿阔叶林 30hm² 大样地建设中，我们又进一步丰富了植物图片。鉴于此，本书图片主要为滇南和滇西南一带的季风常绿阔叶林及其演替系列中的植物物种。

本书主要是在云南省科学技术厅创新人才培养计划项目（项目编号：2018HC013、2017HB095）和中国林业科学研究院中央级公益性科研院所基本科研业务费专项资金项目（项目编号：CAFYBB2017ZX002-4、CAFYBB2017MB013）的资助下完成的。本书是在苏建荣主持下完成的，李帅锋负责统稿、文字编校，植物图片均由各位作者提供，植物中文名、拉丁名由李帅锋和郎学东共同审定、校对。本书第一章由苏建荣、李帅锋和刘万德撰写，第二至第四章常见植物简介由李帅锋、李智宏、郎学东、苏建荣、徐崇华、张登林、王发忠和刘万德共同完成。

本书的完成得到众多师长、同仁、研究生和单位的大力支持及帮助。在此，感谢云南大学陆树刚教授为本书作序；感谢为我在植物分类方面打下坚实基础提供指导的硕士研究生导师杨宇明教授、杜凡教授和王娟教授；感谢张志钧高级工程师与黄小波博士参与野外工作；感谢中国林业科学研究院2010级硕士研究生苏磊、2012级博士研究生贾呈鑫卓和2018级博士研究生王艳红在参与本书研究工作时付出的努力；感谢普洱市林业科学研究所的童清所长及唐红燕、杨华景、刘庆云等同仁的帮助；感谢一起参与野外工作的周修涛、刘军龙、龙毅、卯光宇、文明发、刘天福、白贤、刘乔忠、杨忠和、杨开文、杨敏等高校学生及普洱太阳河省级自然保护区基层林业技术人员。本书的出版得到中国林业科学研究院、中国林业科学研究院资源昆虫研究所、普洱市职业教育中心、普洱太阳河省级自然保护区管理局及思茅区万掌山林场等单位的大力支持和帮助，在此深表感谢！

由于水平有限，书中难免存在不足，敬请各位同仁批评、指正！

李帅锋

2019 年 7 月 8 日

目　　录

第 一 章
西部季风常绿阔叶林概述

　　季风常绿阔叶林是我国南亚热带的地带性植被类型之一，是热带季雨林、雨林向亚热带常绿阔叶林过渡的植被类型，也是我国组成最复杂、生产力最高、生物多样性最丰富的地带性植被类型之一，对保护环境和维持全球碳平衡等都具有极重要的作用（苏建荣等，2015）。

　　我国季风常绿阔叶林主要分布于北回归线附近，主要包括台湾、福建、广东、广西、贵州、云南和西藏等省份海拔低于1500m的部分地区，分布地气候温暖湿润，年均气温在13～22℃，年降雨量1000～2000mm，土壤以砖红壤性红壤为主，还有山地红壤和灰化红壤，表土疏松，结构良好，富含有机质。该森林类型以喜暖的壳斗科（Fagaceae）和樟科（Lauraceae）等种类为主，此外还有桃金娘科（Myrtaceae）、楝科（Meliaceae）、桑科（Moraceae）的一些种类；中、下层则有较多的热带成分，如茜草科（Rubiaceae）、紫金牛科（Myrsinaceae）、棕榈科（Palmae）、杜英科（Elaeocarpaceae）、苏木科（Caesalpiniaceae）、蝶形花科（Fabaceae）等（中国植被编辑委员会，1980）。

一、西部季风常绿阔叶林的分布

　　本书中，西部季风常绿阔叶林主要指分布于云南省的季风常绿阔叶林。季风常绿阔叶林作为地带性植被，主要分布于滇中南、滇西南和滇东南一带的低海拔地区，包括文山、西畴、红河、元阳、普洱、宁洱、景东、景谷、临沧、耿马、龙陵一带的宽谷丘陵低山（苏建荣等，2015），分布海拔为1000～1500m（云南植被编写组，1987）。季风常绿阔叶林是反映云南省南亚热带气候条件的植被类型，过去称之为"南亚热带常绿阔叶林"或"南亚热带常绿栎类林"。在滇南的热带雨林和季雨林地区，这一类常绿阔叶林则分布在山地海拔1000～1400m处，有时由于热带森林植被的破坏，季风常绿阔叶林的分布可向下延伸至800m处；在热带山地，也会因局部山地气候而上升至1800m处（苏建荣等，2015）。

　　西部季风常绿阔叶林分布地区的气候深受热带季风的影响，气候特点是夏热冬凉、干湿明显、干季多雾、夏季多雨。以普洱、墨江一带气象资料作为季风常绿阔叶林分布地的代表：年均气温17～19℃，最冷月均温10～12℃，极端最低温在0℃左右，霜期短而无冰冻；年降雨量1100～1700mm，年蒸发量大于年降雨量。但是，在滇东南热带山地，其降雨量大于1700mm，且终年湿润，本类型又具有湿润性质。

　　西部季风常绿阔叶林分布区的土壤主要为山地森林红壤或山地砖红壤性红壤，有机质分解较快，但一般林地中腐殖质含量仍较高。土壤母岩有砂页岩、花岗岩、片麻岩、石灰岩等，各地并不一致。除石灰岩上发育的土壤外，一般都为酸性土。土层深厚，容易受雨水冲刷，但由于水热条件配合良好，植物生长迅速。

由于人类长期的社会、经济活动，在亚热带南部地区如普洱、宁洱、墨江、临沧、双江一带附近的西部季风常绿阔叶林破坏十分严重，代之而起的是思茅松（*Pinus kesiya* var. *langbianensis*）林或余甘子（*Phyllanthus emblica*）、水锦树（*Wendlandia* sp.）等高禾草灌丛。林貌完整的西部季风常绿阔叶林都分布在偏僻的山野。在滇南热带山地，如普洱市的太阳河省级自然保护区、西双版纳北部、红河州和文山州两州南部、德宏州的边远地区尚保留有较为原始的西部季风常绿阔叶林。

二、西部季风常绿阔叶林的主要类型

根据《云南植被》（云南植被编写组，1987）和《西部季风常绿阔叶林恢复生态学》（苏建荣等，2015），西部季风常绿阔叶林的外貌表现为林冠浓郁、暗绿色，稍不平整，多作波状起伏，以常绿树为主体，掺杂少量落叶树。全年的季相变化以深绿色为背景，干季带灰棕色，雨季带油绿色，在优势树种的换叶期尤为明显。

西部季风常绿阔叶林的乔木树种以壳斗科、樟科、山茶科（Theaceae）的种类为主。其中，以锥属（*Castanopsis*）、柯属（*Lithocarpus*）、木荷属（*Schima*）、茶梨属（*Anneslea*）、润楠属（*Machilus*）、楠属（*Phoebe*）等为常见植物。一般，偏干的地段以壳斗科为优势树种；半湿润处优势树种为壳斗科和山茶科；湿润处优势树种为壳斗科、山茶科、樟科；而在潮湿的地段则壳斗科、山茶科、樟科、木兰科（Magnoliaceae）齐全。此外，还有杜英科、金缕梅科（Hamamelidaceae）、冬青科（Aquifoliaceae）、五加科（Araliaceae）掺杂其中。常见的乔木上层树种中，锥属有红锥（*Castanopsis hystrix*）、印度锥（*Castanopsis indica*）、短刺锥（*Castanopsis echidnocarpa*）、思茅锥（*Castanopsis ferox*）、小果锥（*Castanopsis fleuryi*）、越南栲（*Castanopsis annamensis*）等十余种；柯属植物有截果柯（*Lithocarpus truncatus*）、泥柯（*Lithocarpus fenestratus*）等十余种；山茶科中以西南木荷（*Schima wallichii*）、毛木荷（*Schima villosa*）、茶梨（*Anneslea fragrans*）、黄药大头茶（*Gordonia chrysandra*）等为常见种。在多石质和较干旱的生境中，乔木层种类不多，优势种很明显，常常以壳斗科的一种或两种为优势种；林下多见毛银柴（*Aporusa villosa*）、红皮水锦树（*Wendlandia tinctoria* subsp. *intermedia*）、密花树（*Rapanea neriifolia*）、余甘子等，草本层常以毛果珍珠茅（*Scleria herbecarpa*）为标志种或优势种。在土壤肥厚的湿润生境，乔木种类增多，优势种不太明显；而林下出现较多茜草科、紫金牛科、大戟科（Euphorbiaceae）、芸香科（Rutaceae）等热带雨林的常见成分。在热带山地的湿润沟谷，林下则出现白桫椤（*Sphaeropteris brunoniana*）、大叶黑桫椤（*Alsophila gigantea*）和披针观音座莲（*Angiopteris caudatiformis*）等山地雨林的种类。此外，哀牢山以东和以西地区，因所处地理位置和所受季风影响不同，组成森林的植物种类也有较大的差别。就区系成分而言，西部与印度、缅甸、泰国的成分接近，东部与越南及我国的广西、华中一带的成分接近。

西部季风常绿阔叶林是具有热带成分的常绿阔叶林。除了乔木上层具有亚热带的几个大科外，乔木中下层中热带成分不少，种类组成十分复杂。本类植被的偏干类型中，混生少量季雨林的落叶树种，如楹树（*Albizia chinensis*）、毛叶黄杞（*Engelhardtia colebrookiana*）、羽叶楸（*Stereospermum colais*）、白花羊蹄甲（*Bauhinia acuminata*）、木蝴蝶（*Oroxylum indicum*）等。大体上说，哀牢山以东的季风常绿阔叶林与我国东部类型（特别是广西的季风常绿阔叶林）比较接近，而以西地区则与印度、缅甸、泰国一带热带山地上的"半常绿林"相似。西部季风常绿阔叶林在植物区系上主要属于印度—马来西亚成分。同时，在季风常绿阔叶林分布地区，哀牢山以西思茅松能大片成林，哀牢山以东地区，则主要为云南松（*Pinus yunnanensis*）林。

按照乔木上层优势属的组合不同及其反映生境的差异，西部季风常绿阔叶林可以分为以下6个群系（云南植被编写组，1987；苏建荣等，2015）。

(1) 红锥、印度锥林群系

本群系乔木上层以喜暖热的锥属植物为主，部分地区混有樟科、山茶科的一些种类。植物种类比较简单。主要分布于哀牢山以西的普洱、宁洱、临沧、双江、芒市、盈江一线以南地区，尤以普洱、西双版纳为多。分布海拔为1000～1500m，在亚热带南部，其下界常与干热河谷植被相接，在热带山地，则为垂直带上的主要类型，其分布上界约在海拔1500m，逐渐过渡至中亚热带性的山地常绿栎类林。由于受长期砍伐、烧垦的干扰，目前该群系森林保存不多，且多为萌生灌丛或萌生幼龄林。在该群系原有的分布范围内，目前思茅松林还有大面积分布。在人烟稀少的山地，保存较完整的林分仍有一定的面积，但在宽谷盆地附近的低山丘陵已残存不多。然而，这一群系是云南省南亚热带地带性植被的代表之一。

本群系中，红锥、短刺锥、印度锥、西南木荷等既为优势种又为标志种，伴生的柯属种类也多，其中截果柯、泥柯等都为标志种，在个别地段也见以柯属类为优势种的森林类型。该群系森林林冠波状，重叠密集，多暗绿色球状树冠，外貌呈现出一片葱郁幽暗，林内种类十分丰富。

乔木层主要组成物种以红锥、短刺锥为优势种，其他物种还有西南木荷、印度锥、珍珠花 (*Lyonia ovalifolia*)、隐距越桔 (*Vaccinium exaristatum*)、小果锥、截果柯、毛银柴、泥柯、猴耳环 (*Abarema clypearia*)、阔叶蒲桃 (*Syzygium latilimbum*)、思茅蒲桃 (*Syzygium szemaoense*)、浆果楝 (*Cipadessa baccifera*)、深绿山龙眼 (*Helicia nilagirica*)、岗柃 (*Eurya groffii*)、西桦 (*Betula alnoides*)、密花树 (*Rapanea neriifolia*)、茶梨、红梗润楠 (*Machilus rufipes*)、普文楠 (*Phoebe puwenensis*)、思茅黄肉楠 (*Actinodaphne henryi*)、枹丝锥 (*Castanopsis calathiformis*)、滇南木姜子 (*Litsea garrettii*)、红皮水锦树、艾胶算盘子 (*Glochidion lanceolarium*)、余甘子、鹧鸪花 (*Heynea trijuga*)、猪肚木 (*Canthium horridum*)、多脉冬青 (*Ilex polyneura*)、黑黄檀 (*Dalbergia fusca*)、云南狗骨柴 (*Diplospora mollissima*)、岭罗麦 (*Tarennoidea wallichii*)、合果木 (*Paramichelia baillonii*) 等。

灌木层组成物种以乔木幼苗及幼树为主，除此之外，还有纽子果 (*Ardisia virens*)、糙叶大沙叶 (*Pavetta scabrifolia*)、单叶吴萸 (*Evodia simplicifolia*)、黑面神 (*Breynia fruticosa*)、粗叶榕 (*Ficus hirta*)、榕叶掌叶树 (*Euaraliopsis ficifolia*)、云南瓦理棕 (*Wallichia mooreana*)、小叶干花豆 (*Fordia microphylla*)、红花木犀榄 (*Olea rosea*)、毛果算盘子 (*Glochidion eriocarpum*)、小绿刺 (*Capparis urophylla*)、海南草珊瑚 (*Sarcandra hainanensis*)、景东柃 (*Eurya jintungensis*)、滇南九节 (*Psychotria henryi*)、多花野牡丹 (*Melastoma affine*)、毛腺莸木 (*Mycetia hirta*)、羊耳菊 (*Inula cappa*)、斑鸠菊 (*Vernonia esculenta*)、三桠苦 (*Evodia lepta*) 等。热带季雨林下常见的分叉露兜 (*Pandanus tectorius*) 在本层中也有所见。

草本层种类和数量均少。常见的耐阴湿植物为姜科 (Zingiberaceae)、禾本科 (Gramineae)、莎草科 (Cyperaceae) 等，以及角花 (*Ceratanthus calcaratus*)、山菅 (*Dianella ensifolia*)、狗脊 (*Woodwardia japonica*)、芒萁 (*Dicranopteris dichotoma*)。

藤本植物的种类和数量都较多，特别是在林内透光的林窗附近或近沟边的林缘。它们之中有热带的成分，如买麻藤 (*Gnetum montanum*)、独子藤 (*Celastrus monospermus*)、上树蜈蚣 (*Rhaphidophora lancifolia*)、爬树龙 (*Rhaphidophora decursiva*)、滇南天门冬 (*Asparagus subscandens*)、美丽密花豆 (*Spatholobus pulcher*)、巴豆藤 (*Craspedolobium schochii*)、钩吻 (*Gelsemium elegans*)、粉背菝葜 (*Smilax hypoglauca*)、白花酸藤果 (*Embelia ribes*)、飞龙掌血 (*Toddalia asiatica*) 等。附生植物较多，主要为兰科 (Orchidaceae) 植物及蕨类植物。

(2) 小果锥、截果柯林群系

本群系是锥类石栎林中偏北或海拔偏高的类型。虽然它属于季风常绿阔叶林范畴，但一定程度上带有中亚热带半湿润常绿阔叶林的成分，具有一定的过渡性。这类森林主要分布在滇中南亚热带中山的下部或低山的上部，海拔为1300～1900m，个别达2100m。本群系有3个特点：①上层以南亚热带常见的壳斗科、山茶科的树种为主；②乔木层中伴生少量中亚热带常绿阔叶林中常见种类，但均不呈上层优势；③演替系列中，思茅松林占主体地位。本群系分布于滇南高原的北部，如云县、景东、镇沅、峨山、新平等地，海拔 1300 ～ 1900m。由于这一带人为活动频繁，原始森林已极少见，目前仅见残留的次生幼龄林或中龄林。森林的林冠外貌稍不整齐，以常绿树为主，落叶树很少。

乔木上层以小果锥和截果柯为优势种，伴生树种各地点很不一致。这些树种中，季风常绿阔叶林中常见的有茶梨、西南木荷、红锥、岗枧、滇南木姜子、密花树等，中亚热带半湿润常绿阔叶林中常见的有元江锥（*Castanopsis orthacantha*）、黄毛青冈（*Cyclobalanopsis delavayi*）等，此外，还偶见云南黄杞（*Engelhardtia spicata*）、麻栎（*Quercus acutissima*）、毛枝青冈（*Cyclobalanopsis helferiana*）、短药蒲桃（*Syzygium brachyaruhum*）等树种。

灌木层一般不发达。各地段种类差异较大，常见的有柳叶卫矛（*Euonymus lawsonii* f. *salicifolius*）、无梗假桂钓樟（*Lindera tonkinensis* var. *subsessilis*）、蒙自连蕊茶（*Camellia forrestii*）、平叶酸藤子（*Embelia undulata*）、当归藤（*Embelia parviflora*）、猴耳环、多花野牡丹、梗花粗叶木（*Lasianthus biermannii*）、五瓣子楝树（*Decaspermum parviflorum*）、亮毛杜鹃（*Rhododendron microphyton*）、地檀香（*Gaultheria forrestii*）、长齿木蓝（*Indigofera dolichochaeta*）、水红木（*Viburnum cylindricum*）等，以及菝葜（*Smilax* spp.）、悬钩子（*Rubus* spp.）等藤本的小苗。

草本层较稀少。蕨类植物有凤尾蕨（*Pteris cretica* var. *nervosa*）、蕨（*Pteridium aquilinum* var. *latiusculum*）、芒萁、疏叶蹄盖蕨（*Athyrium dissitifolium*）等。其他还有云南丫蕊花（*Ypsilandra yunnanensis*）、阳荷（*Zingiber striolatum*）、倒毛蓼（*Polygonum molle* var. *rude*）、莎草（*Cyperus* spp.）等。藤本和附生植物都很少见。

（3）罗浮锥、截果柯林群系

本群系是哀牢山以东滇东南非石灰岩山地的一类季风常绿阔叶林，分布海拔为 1300 ～ 1500m。由于所在地受东南季风的影响，气候与哀牢山以西地区有明显的差异。主要是气候偏湿，以及冬季多少受到北方寒潮的波及。以西畴县为例，年均温 16.7℃，最冷月均温 6.5℃，年降雨量 1200mm。土壤为山地黄色砖红壤性土，表土黄褐色，底土棕黄色，表面富含腐殖质。这一类型与广西壮族自治区南亚热带非石灰岩地区的类型更为近似，属南亚热带季风常绿阔叶林的湿性类型，植被具有向我国东部地区偏湿的季风常绿阔叶林过渡的特征，其种类组成比较复杂。本群系主要分布于滇东南的西畴、麻栗坡、马关等县。本群系中植物种类组成丰富，群落分层明显，可分乔木、灌木和草本三层。

乔木层树干挺直，不少种类具有小型的板状根。大树以常绿树种占绝对优势。主要树种有罗浮锥（*Castanopsis faberi*）、枹丝锥、截果柯、水仙柯（*Lithocarpus naiadarum*）等。除壳斗科外，山茶科、樟科、紫茉莉科（Nyctaginaceae）、金缕梅科、木兰科等亚热带常见的科均有。毛木荷、红锥等也时有出现。其他种类为梭子果（*Eberhardtia tonkinensis*）、锈毛吴茱萸五加（*Acanthopanax evodiaefolius* var. *ferrugineus*）、披针叶杜英（*Elaeocarpus lanceaefolius*）、鹿角锥（*Castanopsis lamontii*）、密花树、滇粤山胡椒（*Lindera metcalfiana*）、草鞋木（*Macaranga henryi*）等，热带成分较多。

灌木层主要种类有梗花粗叶木、柳叶紫金牛（*Ardisia hypargyrea*）、伞形紫金牛（*Ardisia corymbifera*）等，都是一些喜湿耐阴或阴性的种类。

草本层主要种类有大叶黑桫椤、狗脊、江南短肠蕨（*Allantodia metteniana*）等蕨类。还有海南草珊瑚混生其中，多阴性、耐阴种类。

层间植物、附生苔藓也较常见，有骨牌蕨（*Lepidogrammitis rostrata*）等数种。木质大藤本较发达，如定心藤（*Mappianthus iodoides*）、买麻藤等。

（4）楠木、栲树林群系

以润楠属和锥属混交的"樟栲林"比较广泛地分布于广西及云南东南部的石灰岩地区，在广西多分布于海拔 700m 左右，而在云南都分布在海拔 1250m 以上的山原谷地。这一类森林在云南亚热带南部哀牢山以东的广大石灰岩地区有一定的代表性。目前，文山州西畴县尚有较大面积的石灰岩原始森林。森林高大茂密，而地表石芽林立，难以通行，成为天然保护下来的一片不易多得的森林资源。作为桂滇交界地带的石灰岩植被，本群系在植物区系成分上有其独特性，特有种也多。

本群系主要分布于滇东南海拔 1200 ～ 1500m 的喀斯特地区。分布地石灰岩峰林、槽谷、石芽、溶沟、溶洞、漏斗等均极发达，岩石大面积出露。由于地面长期为原始森林所覆盖，森林对于水源涵养起着积极的作用。土壤为黑色石灰土，均积存在岩石裂隙中。所在地气候夏秋主要受东南暖湿季风的控制，冬春兼受西风南支急流和北方寒潮的影响，年均温 16 ～ 18℃，最冷月均温 6 ～ 8℃，年降雨量 1200mm。干季常有浓雾弥补水分的不足，全年平均相对湿度达 80%。热量与水的配合比较适中，有利于植物生长。

群落上层以常绿树为主，混有部分落叶树，呈现出一片苍绿的色彩，并点缀着黄、褐、紫等色的斑块。林冠较整齐，由无数球形树冠组合而成。组成群落的种类成分相当丰富，与附近地区或其他植被类型比较，仅出现于本群落的种类（标志种）特别多，说明群落生境和植被类型本身都是非常特殊的（云南植被编写组，1987）。

乔木主要种类有楠木（*Phoebe zhennan*）、栲（*Castanopsis fargesii*）、滇越猴欢喜（*Sloanea mollis*）、大苞藤黄（*Garcinia bracteata*）、革叶铁榄（*Sinosideroxylon wightianum*）、云南崖摩（*Amoora yunnanensis*）、网脉琼楠（*Beilschmiedia tsangii*）、异叶鹅掌柴（*Schefflera diversifoliolata*）、红紫麻（*Oreocnide rubescens*）、野独活（*Miliusa chunii*）、星毛罗伞（*Brassaiopsis stellata*）等。

灌木层不发达，多为上层乔木之幼树。真正灌木种类少见，常见的种类有密脉木（*Myrioneuron faberi*）、岭罗麦、九节（*Psychotria rubra*）、小芸木（*Micromelum integerrimum*）等。

草本层很茂盛，通常高大密集，甚至呈半灌木状，多为喜湿的种类，夏季一片碧绿，掩盖着林下高低起伏、崎岖不平的石岩地面。常见爵床科（Acanthaceae）一种成片生长，局部占优势，此外，小叶楼梯草（*Elatostema parvum*）、巢蕨（*Neottopteris nidus*）、圆顶耳蕨（*Polystichum dielsii*）、狭翅铁角蕨（*Asplenium wrightii*）、厚叶铁角蕨（*Asplenium griffithianum*）等也常见，以喜湿耐阴种类为主。它们在石隙生长，或在石表匍匐附生。有些草本植物就具有半附生和附生的特性。

藤本植物较为发达。其中常见的为葡萄科（Vitaceae）的几种崖爬藤（*Tetrastigma* spp.），而数量最多的为瘤枝微花藤（*Iodes seguini*）及翼核果（*Ventilago leiocarpa*）。附生植物也常见，如长柄车前蕨（*Antrophyum obovatum*）、显脉星蕨（*Microsorum zippelii*）、石莲姜槲蕨（*Drynaria propinqua*）等。附生有花植物有豆瓣绿（*Peperomia tetraphylla*）、显苞芒毛苣苔（*Aeschynanthus bracteatus*）等，兰科的石斛（*Dendrobium* spp.）和羊耳蒜（*Liparis* spp.）可达树干上部或树冠下部。

(5) 炭栎林群系

以常绿的栎属（*Quercus*）与罗汉松属（*Podocarpus*）树种混交的森林，与上一群系分布于同一地区。它是石灰岩峰林的山顶部分的一种较为矮生的植被类型。这是一类石灰岩山地上较为特殊又较为古老的植被，长期保留下来，一般极少受到人为影响。植被本身有较多特有的植物种类成分。其中以炭栎（*Quercus utilis*）为优势种或为标志种的石灰岩山地季风常绿阔叶林，主要分布于文山州西畴县的石灰岩地区。所在地地貌都为比较一致的喀斯特峰林，海拔 1400m 以上至山顶（海拔 1500 ～ 1700m）。分布区的气候条件与前述楠木、栲树林一致。本群系处于峰顶暴露处，故气温及湿度的变化较大。分布地土壤稀缺，漏水严重，基质干旱比较突出，加之风大、季节干旱突出、干湿交替变化剧烈、日温差变动大等因素，均可造成本群系内的树木旱生特征加强，这主要表现在落叶树种增多，乔木生长低矮、树干弯曲、树冠密集成球状、多分枝等。但是，由于东南季风的影响，空气湿度较大，林内附生植物发达。

炭栎林外貌常年以暗绿为基本色调，在夏季，暗绿中出现浅绿色；秋季随着部分落叶树的变化，暗绿之中有棕、黄、红色；入冬后凋落的落叶树树枝衬托在暗绿树冠之间，季相单调而暗淡。炭栎林结构颇似山地矮林。乔木生长低矮，多从树干基部分枝呈大灌木状。各乔木生长也较密集。

乔木层种类组成上除了炭栎、小叶罗汉松 (*Podocarpus brevifolius*) 占优势外，常见的还有革叶铁榄、树参 (*Dendropanax dentiger*)、交让木 (*Daphniphyllum macropodum*)、梭罗树 (*Reevesia pubescens*)、冠毛榕 (*Ficus gasparriniana*)、红豆杉 (*Taxus chinensis*)、针齿铁仔 (*Myrsine semiserrata*)、四子海桐 (*Pittosporum tonkinense*)、拟密花树 (*Rapanea affinis*) 等，种类较多。

灌木层不发达，植株稀散。本层多见乔木层幼树。常见的灌木也多少呈小乔木状，有杜鹃、大叶冬青 (*Ilex latifolia*) 等。

草本层生长也不茂盛。以多种兰科植物为常见种，有的呈石面附生状，肉质，耐旱。此外，蕨类、莎草科、苦苣苔科 (Gesneriaceae) 植物也常见，其中一些也为石面附生植物。苔藓地被层比较发达，除布满岩石外，还蔓延至树干基部及枝干上。这正好反映了所在地空气湿度大的生境特点。

藤本植物不发达，仅一些小型藤本攀缘于灌木和乔木上。其中较突出的有藤状灌木如一种南蛇藤 (*Celastrus* sp.)、花叶地锦 (*Parthenocissus henryana*)、三叶崖爬藤 (*Tetrastigma hemsleyanum*) 等，一种藤竹 (*Dinochloa* sp.) 也时有所见。相反，附生植物很发达，成为本群落的特征之一。在树干、树冠下部都附着或悬挂着苔藓、地衣，以及兰科、苦苣苔科等有花植物，尤以兰科植物为多，多是热带森林中的附生兰，或热带东南亚区系的特有属在此生境有了新的适应，常见的有石仙桃属 (*Pholidota*)、贝母兰属 (*Coelogyne*)、石豆兰属 (*Bulbophyllum*) 中的一些种类。另外，苦苣苔科的吊石苣苔 (*Lysionotus pauciflorus*)，越桔科的拟泡叶乌饭 (*Vaccinium pseudobullatum*)、凹脉越桔 (*Vaccinium impressinerve*) 等木本附生植物更为特殊。蕨类附生植物如穴子蕨 (*Prosaptia khasyana*)、波纹蕗蕨 (*Mecodium crispatum*)、大果假瘤蕨 (*Phymatopteris griffithiana*) 也较常见。

(6) 栎子青冈林群系

这是一类具南亚热带性质的偏温性山地季风常绿阔叶林。它主要分布于滇东南金平县的热带山地的中部，海拔为 1400 ~ 1800m。它的下方逐渐过渡至热带山地雨林，其上方随着海拔升高，则逐渐向山地苔藓常绿阔叶林过渡。所在地土壤为森林黄壤，土层深厚，最深达 150cm。表土因腐殖质丰富而呈褐黑色，中层呈黄色，底层呈灰白色，pH 均为 5.8。母岩为花岗片麻岩，地面无岩石露头。

本群系以栎子青冈 (*Cyclobalanopsis blakei*) 为标志种，与海南岛西部山地海拔 700 ~ 1000m 的"山地雨林"颇有相似之处。栎子青冈为组成乔木上层的重要成分，它经常与木兰科的川滇木莲 (*Manglietia duclouxii*)、亮叶含笑 (*Michelia fulgens*) 生长在一起，林下有较多的热带种类。一些喜暖的热带山地裸子植物如鸡毛松 (*Podocarpus imbricatus*)、百日青 (*Podocarpus neriifolius*) 也常出现在本群系范畴之内。当然，林下的桫椤 (*Alsophila spmulosa*)、分叉露兜树也是标志种类。

乔木层多为显著的大乔木，树干通直浑圆，分枝高，基部有支柱根，板状根不明显。主要树种为川滇木莲、栎子青冈，其次为四角蒲桃 (*Syzygium tetragonum*)、红锥等。此外，还有一些锥属树种，如变色锥 (*Castanopsis wattii*)、短刺米槠 (*Castanopsis carlesii* var. *spinulosa*)、鸡毛松、百日青、粗丝木 (*Gomphandra tetrandra*)、锯叶竹节树 (*Carallia diplopetala*) 等。

灌木层高度不一。以分叉露兜和一种粗叶木为常见种。也见桫椤、藤竹等种类。

草本层种类很少，其中以毛果珍珠茅最常见。藤本植物少，以多种省藤 (*Calamus* spp.)、菝葜为常见种。附生植物也少，仅见少量羽藓 (*Thuidium* spp.)。

第 二 章
蕨类植物

卷柏科 Selaginellaceae

薄叶卷柏 *Selaginella delicatula* (Desv.) Alston
土生，常绿，植株基部横卧或斜升。叶片交互排列，二形，草质，表面光滑，全缘，具狭窄的白边。主枝上的叶疏生，不明显的 4 行排列；侧枝上的叶显著 4 行排列。孢子叶穗棱柱状，单生于末回分枝末端，孢子叶一形，先端渐尖。生于海拔 100 ～ 1500m 的沟谷雨林、常绿阔叶林及灌木林下溪沟边阴湿处。

薄叶卷柏

观音座莲科 Angiopteridaceae

披针观音座莲 *Angiopteris caudatiformis* Hieron.
地生草本。叶簇生，叶片二回羽状，小羽片 14 ～ 18 对，长椭圆形、倒披针形、披针形或线状披针形，互生或近对生，基部不对称，上侧短，楔形至圆楔形，边缘常有锯齿。孢子囊群线形，于小羽片边缘着生。生于海拔 350 ～ 1200m 的杂木林、常绿阔叶林、沟谷雨林下。

披针观音座莲

里白科 Gleicheniaceae

芒萁 *Dicranopteris dichotoma* (Thunb.) Berhn.
地生草本。叶片光滑，二叉分枝，一回羽轴被暗锈色毛，末回羽片篦齿状深裂，裂片 35 ～ 50 对，线状披针形，顶常微凹，叶片为纸质，叶面沿羽轴被锈色毛，背面灰白色。孢子囊群圆形，一列。生于海拔 100 ～ 2100m 的强酸性土地带林缘、疏林或灌丛中。

芒萁

海金沙科 Lygodiaceae

海金沙 *Lygodium japonicum* (Thunb.) Sw.
陆生攀缘植物。叶轴有两条狭边，羽片多数，不
育羽片二回羽状；一回羽片 2 ～ 4 对，二回小羽
片 2 ～ 3 对，掌状三裂，叶片纸质，能育羽片长
宽几相等。孢子囊穗超过不育部分，排列稀疏。
生于海拔 600 ～ 2600m 的常绿阔叶林中。

海金沙

蚌壳蕨科 Dicksoniaceae

金毛狗 *Cibotium barometz* (L.) J. Sm.
高大草本。根状茎粗壮，基部密生金黄色长柔
毛，叶片大，长达 180cm，三回羽状分裂，羽片
10 ～ 18 对，叶片背面为灰白色，两面光滑。孢
子囊群生于裂片下部边缘的小脉顶端，囊群盖成
熟时张开如蚌壳。生于海拔 150 ～ 1800m 的次生
常绿阔叶林下及林缘。

金毛狗

桫椤科 Cyatheaceae

中华桫椤 *Alsophila costularis* Baker
乔木状蕨类。叶柄近基部深红棕色，叶片长 2m，
长圆形，叶轴下部红棕色，三回羽状深裂，羽片
约 15 对，密被红棕色刚毛，小羽轴两面密被淡棕
色软毛，裂片边缘具锯齿。孢子囊群圆球形，紧
靠裂片中肋，囊群盖球形，成熟时反折。生于海
拔 700 ～ 2100m 的沟谷林中。

中华桫椤

铁线蕨科 Adiantaceae

半月形铁线蕨 *Adiantum philippense* L.
陆生蕨类。叶簇生，叶片披针形，奇数一回羽状，
羽片 8 ～ 12 对，互生，斜展，半月形，近全缘或
具 2 ～ 4 浅缺刻，两面均无毛。孢子囊群每羽片
2 ～ 6 枚。群生于海拔 240 ～ 2000m 的较阴湿处
或林下酸性土上。

裸子蕨科 Hemionitidaceae

普通凤丫蕨 *Coniogramme intermedia* Hieron.
陆生蕨类。叶近生，叶柄长 30 ～ 60cm，光滑无毛，
叶片卵状披针形，1 ～ 2 回羽状，侧生羽片 3 ～ 8

半月形铁线蕨

对，基部 1 对羽片最大，不分裂或一回羽状，小羽片 1 ～ 3 对，边缘有软骨质的锐尖锯齿，叶脉两面明显，叶片草质，叶面绿色，背面灰绿色。孢子囊群线形，沿侧脉着生，不达叶边。生于海拔 1500 ～ 2500m 的常绿阔叶林下或林缘。

车前蕨科 Antrophyaceae

美叶车前蕨 *Antrophyum callifolium* Blume

附生草本。叶柄具狭翅，叶片长圆倒披针形，中部以上最宽，顶端渐尖或尾状，基部常下延到叶柄，叶脉网状，两面光滑。孢子囊群线形，沿叶脉着生，下陷于浅沟中，连续或间断。生于海拔 100 ～ 1550m 的林中树干或岩石上。

书带蕨科 Vittariaceae

书带蕨 *Vittaria flexuosa* Fee

附生草本。叶常密集成丛，叶片线形，长 15 ～ 40cm，宽 4 ～ 6mm，边反卷，遮盖孢子囊群。孢子囊群线形，生于叶缘内侧，位于浅沟槽中。附生于海拔 100 ～ 3200m 的林中树干上或岩石上。

蹄盖蕨科 Athyriaceae

毛柄短肠蕨 *Allantodia dilatata* (Bl.) Ching

常绿大型林下植物。叶柄基部密被与根状茎上相同的鳞片，叶片三角形，二回羽状，小羽片披针形或卵状披针形，基部通常不对称。孢子囊群线形，在小羽片的裂片上可达 7 对，多数单生于小脉上侧。生于海拔 100 ～ 1900m 的热带山地阴湿阔叶林下。

金星蕨科 Thelypteridaceae

新月蕨 *Pronephrium gymnopteridifrons* (Hayata) Holtt.

地上草本。叶片奇数一回羽状，侧生羽片 3 ～ 6 对，基部圆楔形，顶端渐尖，边缘具短裂片状粗齿或近全缘，叶面除羽轴外无毛，背面密被灰白色长针状毛。孢子囊群着生于小脉的近顶端，在每对相邻侧脉间具相互靠近的 2 行，椭圆形。生于海拔 100 ～ 1300m 的热带雨林林缘。

假毛蕨 *Pseudocyclosorus tylodes* (Kze.) Holtt.
地生草本，高达 1.2m。叶片二回深羽裂，下部羽片成瘤状气囊体，互生，羽片深裂，裂片 40～45 对，全缘，叶脉两面明显，叶轴和羽轴上有针状刚毛。孢子囊群圆形，着生于侧脉中下部，靠近主脉。生于海拔 800～4300m 的溪边林下或岩石上。

铁角蕨科 Aspleniaceae

巢蕨 *Neottopteris nidus* (L.) J. Sm.
附生草本。叶簇生，呈鸟巢状，叶片阔披针形，长 90～120cm，具渐尖头，向下逐渐变狭而常下延，全缘，有软骨质狭边，叶片厚纸质，两面无毛。孢子囊群线形，生于小脉的上侧，彼此接近。附生于海拔 100～1900m 雨林中树干上或岩石上或灌丛基部。

乌毛蕨科 Blechnaceae

乌毛蕨 *Blechnum orientale* L.
地生大型草本。叶簇生于根状茎顶端，叶片卵状披针形，长达 1m 左右，宽 20～60cm，一回羽状，羽片二形互生，叶脉上面明显，近革质。孢子囊群线形，连续，紧靠主脉两侧，与主脉平行。生于海拔 300～1300m 较阴湿的水沟旁及山坡灌丛中或疏林。

苏铁蕨 *Brainea insignis* (Hook.) J. Sm.
常绿土生苏铁状蕨类植物。根状茎高达 1.5m 或过之。叶簇生，能育叶与不育叶同形或近二形，叶片一回羽状，羽片多达 50 对，线状披针形，叶脉两面均明显，侧脉在中肋两侧各联结成三角形或多角形的网孔。孢子囊群沿中肋两侧的小脉着生，布满中肋两侧或整个羽片背面。生于海拔 600～1800m 向阳干旱的灌丛草坡。

狗脊 *Woodwardia japonica* (L. f.) Sm.
地生草本，高 80～120cm。叶近生，叶片长卵形，二回羽裂，顶生羽片大于其下的侧生羽片，侧生羽片 7～16 对，线状披针形，两面无毛。孢子囊群着生于主脉两侧的狭长网眼上。生于海拔 1100～2200m 的常绿阔叶林下、林缘及空气湿润地区的次生灌丛中。

球盖蕨科 Peranemaceae

红腺蕨 *Diacalpe aspidioides* Bl.

地生草本，高 30～85cm。叶簇生，叶片卵形，四回羽状深裂，羽片 16～20 对，下部近对生，向上互生，叶片纸质，叶面疏被粗节状毛，背面有深红色的球形腺体。孢子囊群球形，小羽片有 1 枚。生于海拔 1200～2600m 的季风常绿阔叶林及湿性常绿阔叶林下。

红腺蕨

水龙骨科 Polypodiaceae

隐柄尖嘴蕨 *Belvisia henryi* (Heron) Tagawa

附生草本。叶近生或簇生，两面光滑无毛，几无柄，叶片卵状披针形或椭圆形，基部下延至叶柄基部，上部突然收缩成能育的线形孢子叶，能育部分长 10～20cm，宽 0.3～0.5cm，先端尾状长渐尖。孢子囊群线形，在叶片中肋两侧各成 1 行。生于海拔 800～1600m 的季雨林或常绿阔叶林树干上。

隐柄尖嘴蕨

扭瓦韦 *Lepisorus contortus* (Christ) Ching

附生草本。叶柄长 2～5cm，叶片线状披针形，长 9～23cm，中部最宽 4～11mm，叶面淡绿色，背面淡灰黄绿色。孢子囊群圆形或卵圆形，聚生于叶片中上部，位于主脉与叶缘之间。生于海拔 700～3000m 的林中树干或岩石上。

扭瓦韦

鳞瓦韦 *Lepisorus oligolepidus* (Bak.) Ching

附生草本。叶远生或略近生，叶长 10～22cm，具柄，叶柄长 2～3cm，叶片卵状披针形，基部渐变狭并下延，先端渐尖，全缘，叶面光滑，背面具深棕色透明的披针形鳞片。孢子囊群圆形或椭圆形，位于叶上半部分，着生于中肋与叶边之间。生于海拔 700～2000m 的常绿阔叶林或杂木林下树干上或岩石上。

鳞瓦韦

星蕨 *Microsorum punctatum* (L.) Copel.

附生草本，高 40～60cm。叶近簇生，叶片阔线状披针形，长 35～55cm，宽 5～8cm，全缘，叶淡绿色。孢子囊群小，圆形，通常仅叶片上部能育，不规则散生或密集汇合，着生于小脉连接处。生于海拔 800～2500m 的常绿阔叶林或次生林下岩石上。

星蕨

似薄唇蕨 *Leptochilus decurrens* Blume

土生或附生。叶二形，不育叶具柄，两侧有狭翅，下延几达于基部，叶片卵状长圆形或倒披针形，先端急尖或渐尖，基部渐狭。能育叶具叶柄，无明显的翅，叶片狭线形，长 20 ～ 35cm，宽 0.3 ～ 1cm，先端渐尖。孢子囊满布于能育叶的背面。生于海拔 400 ～ 2100m 的季雨林或常绿阔叶林下岩石上或土生。

紫柄假瘤蕨 *Phymatopteris crenatopinnata* (C. B. Clarke) Pic. Serm.

地生草本。叶柄紫色，叶片长 5 ～ 15cm，宽 5 ～ 10cm，三角状卵形，羽状深裂，裂片 3 ～ 6 对，边缘具波状齿，叶两面无毛。孢子囊群圆形，在裂片中脉两侧各 1 行。生于海拔 1000 ～ 2900m 的常绿阔叶林、落叶阔叶林下或岩石上。

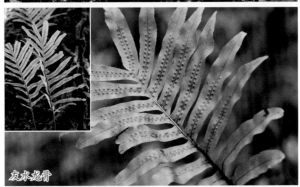

友水龙骨 *Polypodiodes amoena* (Wall. ex Mett.) Ching

附生草本。叶片卵状披针形，长 40 ～ 50cm，宽 20 ～ 25cm，羽状深裂，裂片 20 ～ 25 对，边缘有锯齿，基部 1 ～ 2 对裂片向后反折。孢子囊群圆形，在裂片中脉两侧各 1 行，着生于网眼内藏小脉顶端。生于海拔 850 ～ 3000m 的常绿阔叶林下岩石上或树干上。

石韦 *Pyrrosia lingua* (Thunb.) Farwell

附生草本。叶近二形，叶柄与叶片大小和长短变化很大，不育叶近长圆形，长 5 ～ 25cm，中部宽 1.5 ～ 3cm，全缘，叶面灰绿色，近光滑无毛，背面淡棕色或砖红色，被星状毛。孢子囊布满整个叶片下面，成熟后呈砖红色。生于海拔 1000 ～ 2000m 的常绿阔叶林下岩石上或树干上。

槲蕨科 Drynariaceae

崖姜 *Pseudodrynaria coronans* (Wall. ex Mett.) Ching

附生大型草本。形体极似巢蕨。叶一形，长圆状倒披针形，长 80 ～ 120cm，中部宽 20 ～ 30cm，羽状深裂，两面无毛，叶脉粗，两面明显隆起。孢子囊群近圆形或长圆形，位于小脉交叉处，成熟后多少汇合呈断线状的囊群线。生于海拔 500 ～ 1900m 的常绿阔叶林中树干上或岩石上。

剑蕨科 Loxogrammaceae

中华剑蕨 *Loxogramme chinensis* Ching

附生草本。叶片线状披针形，长 5 ～ 12cm，中部最宽 0.5 ～ 1.2cm，顶端锐尖，基部下延于叶柄基部，全缘，中肋两面明显。孢子囊群长圆形，稍斜向上，分布于叶片中部以上。生于海拔1300 ～ 2700m 的常绿阔叶林或针阔混交林下、树干上或岩石上。

中华剑蕨

第三章
裸子植物

苏铁科 Cycadaceae

篦齿苏铁 *Cycas pectinata* Griff.
常绿，树干圆柱状。叶一回羽状，叶轴两侧有疏刺，裂片条形，长 15～20cm，宽 6～8mm，中脉隆起，中央有 1 条凹槽。雄球花长圆锥状圆柱形，不育顶片两侧具篦齿状裂片。种子卵圆形或椭圆状倒卵圆形，黄褐色或红褐色。花期 7～8 月，果期 10～11 月。生于海拔 800～1300m 的疏林或灌木丛中。

松科 Pinaceae

思茅松 *Pinus kesiya* Royle ex Gord. var. *langbianensis* (A. Chev.) Gaussen
常绿乔木，枝条一年生长两轮或多轮。针叶 3 针一束，细长柔软，先端细，有长尖头。雄球花矩圆筒形，在新枝基部聚生成短丛状。球果卵圆形，种鳞近窄矩圆形，鳞脐顶端常有向后紧贴的短刺。花期 1～3 月，果期 12 月至翌年 3 月。生于海拔 600～1800m 的混交林中。

罗汉松科 Podocarpaceae

百日青 *Podocarpus neriifolius* D. Don
常绿乔木。叶大，螺旋状排列，条状披针形，长 7～15cm，宽 9～13mm，叶上面具明显隆起的中脉，仅叶下有气孔线。雌雄异株。种子卵圆形，假种皮成熟时紫红色，肉质种托橘红色。花期 4～5 月，果期 10～11 月。生于海拔 500～1800m 的混交林中。

三尖杉科 Cephalotaxaceae

西双版纳粗榧 *Cephalotaxus mannii* Hook. f.
常绿小乔木。叶排成2列，披针状条形，长3～4cm，宽2.5～4mm，叶面深绿色，中脉隆起，背面微明显，两侧淡绿色，气孔带微具白粉。种子倒卵圆形，长约3cm。花期3～4月，果期翌年9～10月。生于海拔740～800m的杂木林中。

西双版纳粗榧

买麻藤科 Gnetaceae

买麻藤 *Gnetum montanum* Markgr.
常绿木质藤本。叶形大小多变，通常呈长圆形，长10～25cm，宽4～11cm，先端具短钝尖头，基部圆或宽楔形，叶柄长8～15mm。雄球花序呈圆锥状，雌球花生于老枝。种子矩圆状卵圆形或矩圆形，熟时黄褐色或红褐色。花期6～7月，果期8～9月。生于海拔500～2200m的森林、灌丛及沟谷潮湿处，喜阴湿环境。

买麻藤

第四章
被子植物

木兰科 Magnoliaceae

大叶玉兰 *Magnolia henryi* Dunn

常绿乔木。叶片倒卵状长圆形，长 26 ~ 65cm，宽 8 ~ 22cm，叶面无毛，背面疏被平伏柔毛，侧脉每边 14 ~ 20 条，叶柄长 4 ~ 11cm，托叶痕几达叶柄顶端。花蕾卵圆形，花被片外轮绿色，中内两轮乳白色。聚合果卵状椭圆形。花期 5 月，果期 8 ~ 9 月。生于海拔 540 ~ 1500m 的密林中。

红花木莲 *Manglietia insignis* (Wall.) Bl.

常绿乔木。叶片倒披针形或长圆状椭圆形，长 10 ~ 26cm，宽 4 ~ 10cm，先端渐尖，基部楔形，叶柄上有狭沟，托叶痕长约为叶柄长的 2/3。花芳香，花梗粗壮，花被片 9 ~ 12 片，外轮 3 片，褐色，中内轮 6 ~ 9 片，乳白色染粉红色。聚合果鲜时紫红色。花期 5 ~ 6 月，果期 9 ~ 10 月。生于海拔 900 ~ 2000m 的林中。

多花含笑 *Michelia floribunda* Finet et Gagn.

常绿乔木。叶片狭卵状椭圆形，长 7 ~ 12cm，宽 2 ~ 4cm，先端渐尖，基部阔楔形，叶面深绿色，背面、中脉及叶柄被白色平伏长毛，托叶痕超过叶柄长的一半。花蕾被金黄色柔毛，花被片白色。聚合果扭曲。花期 2 ~ 4 月，果期 8 ~ 9 月。生于海拔 1300 ~ 2700m 的林间。

合果木 *Paramichelia baillonii* (Pierre) Hu

常绿乔木，嫩枝、叶柄、叶面、背面被淡褐色平伏长毛。叶片椭圆形，长 6 ~ 22cm，宽 4 ~ 7cm，

大叶玉兰

红花木莲

多花含笑

先端渐尖，基部楔形，中脉残留有长毛，托叶痕为叶柄长的 1/3 以上。花芳香，黄色。聚合果椭圆状圆柱形，成熟心皮完全合生。花期 3 ～ 5 月，果期 8 ～ 10 月。生于海拔 500 ～ 1500m 的山林中。

八角科 Illiciaceae

小花八角 Illicium micranthum Dunn

常绿小乔木。叶片倒卵状椭圆形，长 4 ～ 11cm，宽 1.5 ～ 4cm，先端尾状渐尖，叶背具褐色油点，中脉下凹。花红色，单生。蓇葖果 6 ～ 8 枚，果直径 1.5 ～ 2cm，顶端喙细尖。花期 4 ～ 6 月，果期 7 ～ 9 月。生于海拔 500 ～ 2600m 的山地沟谷、溪边或山坡湿润常绿阔叶林中。

五味子科 Schisandraceae

黑老虎 Kadsura coccinea (Lem.) A. C. Smith

木质藤本，全株无毛。叶片长圆形，长 7 ～ 18cm，宽 3 ～ 8cm，网脉不明显，叶柄长 1 ～ 2.5cm。花单生于叶腋，雌雄异株，花被片红色，10 ～ 16 片。聚合果近球形，红色或暗紫色，直径 6 ～ 10cm 或更大。花期 4 ～ 7 月，果期 7 ～ 11 月。生于海拔 450 ～ 2000m 的林中。

异形南五味子 Kadsura heteroclita (Roxb.) Craib

常绿木质大藤本，老茎木栓层块状纵裂。叶片卵状椭圆形至阔椭圆形，长 6 ～ 15cm，宽 3 ～ 7cm，先端渐尖或急尖，基部阔楔形或近圆钝，全缘或上半部边缘有疏离的小锯齿。花单生于叶腋，雌雄异株，花被片白色或浅黄色，11 ～ 15 片。聚合果近球形，直径 2.5 ～ 4cm。花期 5 ～ 8 月，果期 8 ～ 12 月。生于海拔 400 ～ 900m 的山谷、溪边、密林中。

滇五味子 Schisandra henryi Clarke. var. yunnanensis A. C. Smith

落叶木质藤本，小枝具翅棱。叶片宽卵形、长圆状卵形，长 6 ～ 11cm，宽 3 ～ 8cm，上部边缘具浅锯齿，两面近同色，背面无白粉，叶柄红色，具薄翅。花被片黄色，子房狭椭圆形。小浆果红色，球形。花期 5 ～ 7 月，果期 8 ～ 9 月。生于海拔 500 ～ 1500m 的沟谷边、山坡林下或灌丛中。

合果木

小花八角

黑老虎

异形南五味子

滇五味子

重瓣五味子 Schisandra plena A. C. Smith
常绿木质藤本。叶片卵状长圆形或椭圆形，长
7～10cm，宽3～8.5cm，先端渐尖，基部宽圆，
全缘或具胼胝质小齿。花多腋生，雄花淡黄色，
内面的基部稍淡红色。成熟小浆果红色，球形或
椭圆形。花期4～5月，果期8～9月。生于海
拔600～1500m的密林中。

番荔枝科 Annonaceae

藤春 Alphonsea monogyna Merr. et Chun
常绿乔木。叶片椭圆形至长圆形，顶端渐尖，
长7～13cm，宽2.5～5.5cm，两面无毛，侧脉
9～11条。花黄色，总花梗、花梗、萼片及内
轮花瓣外皆被短柔毛。果近圆球状或椭圆状，密
被污色短粗毛。花期1～9月，果期9月至翌年
春季。生于海拔400～1200m的山地密林中或
疏林中。

排骨灵 Fissistigma bracteolatum Chatterjee
常绿木质藤本，枝条被褐色绒毛。叶片卵状长圆
形，长11～18cm，宽3～7cm，全缘，顶端有
小尖头，基部圆形，两面及叶柄被粗毛。花黄色，
多被黄褐色短绒毛。果圆球状，被短绒毛。花期
2～4月，果期秋冬季。生于海拔885～1800m
的山地林中或山谷、路旁潮湿林中。

小萼瓜馥木 Fissistigma minuticalyx (McGr. et W. W. Sm.) Chatterjee
常绿木质藤本。叶片全缘，长圆形或披针状长圆
形，长10～18cm，宽3～7.5cm，叶面无毛，
叶背及叶柄被黄褐色绒毛，侧脉14～20条。
花与叶对生。果圆球状，密被红棕色绒毛。花
期5～11月，果期6月至翌年3月。生于海拔
600～1150m的山地密林中。

山蕉 Mitrephora maingayi Hook. f. et Thoms.
常绿乔木。叶片全缘，长圆状披针形至披针形，
顶端渐尖，长5～10.5cm，宽2.5～4cm，叶面
除中脉外无毛，叶背被疏柔毛，侧脉约12条。
花单性，初时白色，后变黄色。果卵圆状或短圆
柱状，被锈色毡毛。花期4月，果期6～10月。
生于海拔1000～1150m的山地密林中。

樟科 Lauraceae

思茅黄肉楠 *Actinodaphne henryi* Gamble

常绿乔木。叶聚生于枝顶，披针形，长 17～40cm，宽 3.7～13cm，叶面深绿色，无毛，背面粉绿，苍白色，侧脉每边 9～12 条，叶柄密被灰黄色绒毛。伞形花序，密被绢状短柔毛。果近球形，生于浅杯状果托上。花期 12 月至翌年 2 月，果期 7～8 月。生于海拔 600～1300m 林中。

无根藤 *Cassytha filiformis* L.

寄生缠绕草本，借盘状吸根攀附于寄主植物上。茎线形，绿色或绿褐色。叶片退化为微小的鳞片。穗状花序，密被锈色短柔毛，花小，白色。果卵球形，顶端有宿存的花被片。花果期 5～12 月。生于海拔 980～1600m 的山坡灌木丛或疏林中。

钝叶桂 *Cinnamomum bejolghota* (Buch.-Ham.) Sweet

常绿乔木。叶近对生，椭圆状长圆形，长 12～30cm，宽 4～9cm，硬革质，叶面绿色，背面淡绿或黄绿色，两面近无毛，离基三出脉。花黄色。果椭圆形，果托黄带紫红色，果梗紫色。花期 3～4 月，果期 5～7 月。生于海拔 600～1780m 的山坡、沟谷疏林或密林中。

香面叶 *Lindera caudata* (Nees) Hook. f.

落叶乔木。叶片长卵形或椭圆状披针形，长 4.5～13cm，宽 1.5～4cm，薄革质，叶面干时褐色，背面近苍白色，幼时被黄褐色短柔毛，背面比叶面密，离基三出脉。伞形花序只有一朵花，集生于腋生短枝上，总苞片外被黄褐色短柔毛。果近球形，成熟时变黑紫色。花期 10 月至翌年 4 月，果期 3～10 月。生于海拔 700～2300m 的灌丛、疏林、路边、林缘等处。

香叶树 *Lindera communis* Hemsl.

常绿小乔木。叶片卵形或椭圆形，薄革质至厚革质，长 4～9cm，宽 1.5～3cm，叶面无毛，背面被黄褐色柔毛，侧脉 5～7 条，叶柄被黄褐色微柔毛。伞形花序具 5～8 朵花，花黄色。果卵形，成熟时红色，果托盘状。花期 3～4 月，果期 9～10 月。散生或混生于常绿阔叶林中。

无梗假桂钓樟 *Lindera tonkinensis* Lec. var. *subsessilis* H. W. Li

常绿乔木。叶片卵形或卵状长圆形，先端渐尖，基部楔形或近圆形，长 8～14cm，宽 2.5～5cm，两侧不对称，薄纸质，具三出脉。伞形花序生于短枝上，密被锈色微柔毛。果椭圆形，无毛，果托盘状。花期 10 月至翌年 3 月，果期 5～8 月。生于海拔 1100～2300m 的山坡、疏林、混交林或林缘。

山鸡椒 *Litsea cubeba* (Lour.) Pers.

落叶小乔木。枝、叶具芳香味。叶片披针形或长圆形，长 5～13cm，宽 1.5～4cm，叶面深绿色，背面粉绿色，两面均无毛。伞形花序单生或簇生。果近球形，幼时绿色，成熟时黑色。花期 2～3 月，果期 7～8 月。生于海拔 500～3200m 向阳的山地、灌丛、疏林或林中路旁、水边。

剑叶木姜子 *Litsea lancifolia* (Roxb. ex Nees) Benth. et Hook. f. ex F.-Vill.

常绿灌木。叶对生，或兼有互生，椭圆形、长圆形或椭圆状披针形，长 5～12cm，宽 2.4～4.5cm，先端急尖或渐尖，基部宽楔形或近圆形，叶面深绿色，背面灰绿色，叶柄密被褐锈色绒毛。伞形花序单生或几个簇生于叶腋。果球形，直径约 1cm，果托浅碟状。花期 5～6 月，果期 7～8 月。生于海拔 1000m 以下的山谷溪旁或混交林中。

滇南木姜子 *Litsea garrettii* Gamble

常绿乔木。叶片长椭圆形，顶端渐尖，长 8～13cm，宽 3～5cm，革质，叶面深绿色，背面淡绿色，具锈色绒毛，侧脉 6～8 条，叶柄被锈色绒毛。伞形花序生于短枝上呈总状花序。果长圆形，先端有尖头，成熟时黑色，果托杯状。花期 10～11 月，果期翌年 6～7 月。生于海拔 750～2000m 的灌丛或阔叶林中。

玉兰叶木姜子 *Litsea magnoliifolia* Yang et P. H. Huang

常绿乔木，小枝幼时、叶柄及花序短枝密被锈褐色短柔毛。叶片椭圆形、倒卵状椭圆形至倒卵形，长 11～20cm，宽 5～10cm，幼时密被褐色微柔毛，侧脉 9～12 条。伞形花序生于短枝上呈总状花序。果扁球形，成熟时黑色，果托盘状。花期 11 月，

果期翌年 9 ～ 10 月。生于海拔 600 ～ 1400m 的常绿阔叶林中或稀树高草地。

假柿木姜子 _Litsea monopetala_ (Roxb.) Pers.
常绿乔木。叶片宽卵形、倒卵形至卵状长圆形，长 8 ～ 20cm，宽 4 ～ 12cm，先端钝或圆，基部圆或急尖，幼叶叶面沿中脉有锈色短柔毛，老时渐脱落变无毛，背面密被锈色短柔毛，叶柄密被锈色短柔毛。伞形花序簇生于叶腋，花黄白色。果长卵形。花期 11 月至翌年 5 ～ 6 月，果期 6 ～ 7 月。生于海拔 200 ～ 1500m 的阳坡灌丛或疏林中。

红叶木姜子 _Litsea rubescens_ Lec.
落叶小乔木。叶片椭圆形或披针状椭圆形，长 4 ～ 9cm，宽 1.5 ～ 4cm，两面均无毛，侧脉 5 ～ 7 条，枝、叶脉、叶柄常为红色。伞形花序腋生，密被灰黄色柔毛。果球形。花期 3 ～ 4 月，果期 9 ～ 10 月。生于海拔 700 ～ 3800m 的山谷常绿阔叶林中空隙处或林缘。

黄心树 _Machilus bombycina_ King ex Hook. f.
常绿乔木。叶片倒卵形或倒披针形至长圆形，长 7 ～ 15cm，宽 2 ～ 5.5cm，老时叶面变无毛，背面明显被极细微柔毛，侧脉 6 ～ 10 条。花绿白或黄色。果球形，成熟时紫黑色，果梗稍增粗。花期 3 ～ 4 月，果期 4 ～ 6 月。生于海拔 160 ～ 1300m 的山坡或谷地疏林或密林中。

长梗润楠 _Machilus longipedicellata_ Lec.
常绿乔木。叶常聚生于枝顶，长椭圆形，长 6.5 ～ 15cm，宽 2.5 ～ 5cm，薄革质，叶面光亮无毛，背面被绢状小柔毛，侧脉 12 ～ 17 条。聚伞状圆锥花序多数，花淡绿黄色、淡黄色至白色。果球形，果梗红色。花期 5 ～ 6 月，果期 8 ～ 10 月。生于海拔 2100 ～ 2800m 的沟谷杂木林中。

粗壮润楠 _Machilus robusta_ W. W. Sm.
常绿乔木。叶片倒卵状椭圆形，长 10 ～ 20cm，宽 5.5 ～ 8.5cm，先端近锐尖，基部近圆形或宽楔形，厚革质，两面近无毛，侧脉 7 ～ 9 条。花序多数聚集，总梗及花梗带红色。果球形，直径 2.5 ～ 3cm，成熟时蓝黑色，果梗深红色。花期 1 ～ 4 月，果期 4 ～ 6 月。生于海拔 1000 ～ 1800m 的常绿阔叶林或开阔的灌丛中。

红梗润楠 Machilus rufipes H. W. Li

常绿乔木。叶常聚生于新枝梢部，长圆形，长
8.5～19.5cm，宽1.5～4cm，近革质，幼时叶
面无毛，背面极密被金黄色长柔毛，侧脉6～22
条。圆锥花序无毛，呈红紫色。果球形，成熟
时紫黑色。花期3～4月，果期5～9月。生
于海拔1500～2000m的山岭苔藓林或常绿阔叶
林中。

滇新樟 Neocinnamomum caudatum (Nees) Merr.

常绿乔木。叶片卵圆形，长5～12cm，宽3～4.5cm，
先端渐尖，顶端钝，基部近圆形，坚纸质，两
面无毛，三出脉。团伞花序，花小，黄绿色。果
长椭圆形，成熟时红色，果托高脚杯状。花期
(6)8～10月，果期10月至翌年2月。生于海
拔500～1800m的山谷、路旁、溪边、疏林或密
林中。

普文楠 Phoebe puwenensis Cheng

常绿乔木，小枝、叶背面、叶柄及花序密被黄
褐色长绒毛。叶片全缘，倒卵状椭圆形，长
12～23cm，宽5～9cm，叶面散生贴伏毛，侧
脉12～20条。圆锥花序，花淡黄色。果卵球
形。花期3～4月，果期6～7月。生于海拔
800～1500m的常绿阔叶林中。

莲叶桐科 Hernandiaceae

红花青藤 Illigera rhodantha Hance

常绿木质藤本，幼枝、叶柄及花序被金黄褐色
绒毛。指状3小叶，小叶卵形，长6～11cm，
宽3～7cm，先端钝，基部圆形，全缘。圆锥
花序，花瓣与萼片玫瑰红色。果具4翅。花期
9～11月，果期12月至翌年4～5月。生于海
拔300～2100m的山谷密林或疏林灌丛中。

毛茛科 Ranunculaceae

毛木通 Clematis buchananiana DC.

木质藤本。叶为一回羽状复叶，有5小叶，圆卵
形、宽卵形或椭圆形，长4～11cm，宽4～10cm，
顶端急尖，基部浅心形、圆形或圆截形，边缘有

红梗润楠

滇新樟

普文楠

红花青藤

粗锯齿。聚伞花序常有较多花，花序梗与花梗密被淡黄色短柔毛，萼片白色或淡黄色，外面密被贴伏短柔毛。花期10月至翌年1月，果期2～3月。生于海拔1100～2800m的山谷坡地、溪边、林中或灌丛中。

木通科 Lardizabalaceae

五月瓜藤 *Holboellia fargesii* Reaub.

常绿木质藤本。掌状复叶互生，小叶5～7枚，长圆状披针形，长2～7cm，宽0.6～2cm，叶面绿色，背面灰白色。花单性，雌雄同株，雄花绿白色，雌花紫色。果紫色，长圆形，长7～9cm。花期4～5月，果期7～8月。生于海拔500～3000m的山坡杂木林及沟谷林中。

防己科 Menispermaceae

樟叶木防己 *Cocculus laurifolius* DC.

常绿小乔木。叶片全缘，椭圆形，长4～15cm，宽1.5～5cm，顶端渐尖，基部楔形，两面无毛，掌状脉3条。聚伞花序腋生。核果近圆球形，稍扁，果核骨质，背部有不规则的小横肋状皱纹。花期春、夏，果期秋季。常生于灌丛或疏林中。

铁藤 *Cyclea polypetala* Dunn

木质大藤本。叶片阔心形，长6～18cm，宽5.5～15cm，顶端渐尖，全缘，叶面光亮无毛，背面被硬毛或柔毛，掌状脉5～7条，叶柄长3～7cm，被短硬毛，不明显盾状着生或基生。圆锥花序较阔大，被短硬毛或柔毛，萼片近坛状，顶端近截平。核果无毛，近球形，稍扁。花果期4～11月。生于海拔700～1500m的林中。

藤枣 *Eleutharrhena macrocarpa* (Diels) Forman

常绿木质藤本。叶片圆状椭圆形，长9.5～22cm，宽4.5～13cm，先端渐尖或近骤尖，基部圆，两面无毛，叶面光亮，侧脉5～9对，两面凸起，叶柄长2.5～8cm。雄花序有花1～3朵。果序生无叶老枝上，有3～6个核果，核果椭圆形，黄色或红色。花期5月，果期10月。生于海拔840～1500m的密林和疏林中。

毛木通

五月瓜藤

樟叶木防己

铁藤

藤枣

细圆藤 *Pericampylus glaucus* (Lam.) Merr.
常绿木质藤本，小枝通常被灰黄色绒毛。叶片全缘，
三角状近圆形，长 3.5 ～ 8cm，基部近截平至心形，
两面被绒毛，掌状脉 5 条，叶柄被绒毛。聚伞花
序伞房状，被绒毛。核果红色或紫色。花期 4 ～ 6
月，果期 9 ～ 10 月。生于林中、林缘和灌丛中。

细圆藤

桐叶千金藤 *Stephania hernandifolia* (Willd.) Walp.
常绿木质藤本。叶片全缘，三角状近圆形，长
4 ～ 15cm，宽 4 ～ 14cm，顶端钝而具小凸尖或
有时短尖，基部圆或近截平，叶面无毛，背面粉白，
被丛卷毛状柔毛，掌状脉 9 ～ 12 条，叶柄明显盾
状着生。复伞形聚伞花序单生叶腋。核果倒卵状
近球形，红色。花期夏季，果期秋冬。生于疏林
或灌丛和石山等处。

桐叶千金藤

大叶藤 *Tinomiscium petiolare* Hook. f. et Thoms.
常绿木质藤本。叶片全缘，阔卵形，长 10 ～
20cm，宽 9 ～ 14cm，基部微心形，两面无毛，
掌状脉 3 ～ 5 条。总状花序自老枝上生出，被
紫红色绒毛或柔毛。核果长圆形，两侧甚扁，
长达 4cm。花期春夏，果期秋季。生于海拔
750 ～ 1400m 的林中。

大叶藤

胡椒科 Piperaceae

石蝉草 *Peperomia dindygulensis* Miq.
肉质草本，高 10 ～ 45cm。单叶对生或 3 ～ 4 枚
轮生，全缘，有腺点，椭圆形，两面被短柔毛，
叶脉 5 条，基出。穗状花序直立，淡绿色。浆果
球形，紫黑色。花果期 4 ～ 7 月（～ 10 月）。生
于海拔 800 ～ 1600m 的林谷、溪旁或湿润岩石上。

石蝉草

豆瓣绿 *Peperomia tetraphylla* (Forst. f.) Hook. et
Arn.
丛生半肉质草本，高 10 ～ 30cm。叶密集，大小
近相等，4 或 3 枚轮生，有透明腺点，阔椭圆形
或近圆形，叶脉 3 条。穗状花序直立，花序淡绿色。
浆果纺锤形。花期 2 ～ 4 月及 9 ～ 12 月，果期未见。
生于海拔 800 ～ 2900m 的潮湿石上或枯树上。

豆瓣绿

荜叶蒟 *Piper boehmeriaefolium* (Miq.) C. DC.
直立亚灌木。茎光滑无毛。叶具腺点，斜长圆形

或长圆状披针形，长 14 ～ 18cm，宽 3.5 ～ 8cm，先端渐尖至长渐尖，基部偏斜，耳状。雌雄异株，穗状花序与叶对生，雄花序长约 16cm，苞片圆形盾状。浆果近球形，密集。花期 4 ～ 9 月，果期未见。生于海拔 600 ～ 1100m 的山谷密林潮湿处。

粗梗胡椒 _Piper macropodum_ C. DC.
攀缘藤本。叶有稠密细腺点，卵形或卵状长圆形至长圆形，长 9 ～ 13cm，宽 3.5 ～ 9cm，先端尖至渐尖，基部钝或阔楔形、偏斜，两侧不等。花单性，雌雄异株，穗状花序与叶对生，花序轴果期增粗。浆果卵形无毛，具褐色疣状体。花期 8 ～ 10 月，果期 10 ～ 12 月。生于海拔 800 ～ 2000m 的亚热带沟谷密林湿润处。

芒叶蒟

金粟兰科 Chloranthaceae

海南草珊瑚 _Sarcandra hainanensis_ (Pei) Swamy et Bail.
常绿亚灌木。叶片椭圆形，长 7 ～ 20cm，宽 3 ～ 8cm，边缘除近基部外有钝锯齿，齿尖有 1 个腺体，侧脉 5 ～ 7 对，叶柄基部合生成 1 鞘。穗状花序顶生，多少呈圆锥花序状。核果卵形，熟时橙红色。花期 10 月至翌年 5 月，果期 3 ～ 8 月。生于海拔 400 ～ 1550m 的山坡、沟谷林荫处。

粗梗胡椒

山柑科 Capparaceae

勐海山柑 _Capparis fohaiensis_ B. S. Sun
木质藤本植物，小枝有刺。叶片椭圆形，长 13 ～ 19cm，宽 8 ～ 11cm，两面无毛，顶端圆形，有小凸尖头，基部心形，侧脉 5 ～ 8 对。花蕾球形，红色，萼片外面密被红色短绒毛，雄蕊多数。果椭圆形，干后常近暗红色。花期 6 月，果期 10 ～ 11 月。生于海拔 450 ～ 1000m 的河边次生林中。

海南草珊瑚

堇菜科 Violaceae

匍匐堇菜 _Viola pilosa_ Bl.
多年生草本。叶片卵形或狭卵形，长 2 ～ 6cm，宽 1 ～ 3cm，先端尾状渐尖或锐尖，基部心形，弯缺狭而深，两侧有明显的垂片，边缘密生浅钝齿，叶面疏生白色硬毛，背面沿脉毛较密，叶柄

勐海山柑

匍匐堇菜

被倒生长硬毛。花淡紫色或白色，下方花瓣里面具深色条纹。蒴果近球形，被柔毛或无毛。花期春季，果期 4～6 月。生于海拔 800～2500m 的山地林下、草坡或路边。

柔毛堇菜 *Viola principis* H. De Boiss.

多年生草本，全株被开展的白色柔毛。叶近基生或互生于匍匐枝上，叶片卵形或宽卵形，长 2～6cm，宽 2～4.5cm，先端圆，稀具短尖，基部心形，边缘密生浅钝圆齿。花白色，花梗高出于叶丛。蒴果长圆形。花期 3～6 月，果期 6～9 月。生于海拔 1600m 的林下、林缘、草地或溪沟边、路旁。

远志科 Polygalaceae

齿果草 *Salomonia cantoniensis* Lour.

一年生直立草木。茎具狭翅。叶片卵状心形或心形，长 5～16mm，宽 5～12mm，先端钝，具短尖头，全缘或微波状，基出 3 脉。穗状花序顶生，花淡红色，龙骨瓣舟状。蒴果两侧具 2 列三角状尖齿。花期 7～8 月，果期 8～10 月。生于海拔 600～1450m 山坡林下、灌丛中或草地。

密花远志 *Polygala tricornis* Gagnep.

灌木。叶片线状披针形至椭圆状披针形，长 7～12cm，宽 1.5～4cm，先端渐尖，具短尖头，基部渐狭至楔形，全缘，疏被白色短硬毛。总状花序，花瓣白色带紫至粉红色。蒴果四方状圆形，具阔翅。花期 12 月至翌年 4 月，果期 3～6 月。生于海拔 1000～2500m 的林下或灌丛中。

茅膏菜科 Droseraceae

茅膏菜 *Drosera peltata* Smith var. *multisepala* Y. Z. Ruan

多年生草本。基生叶密集，叶两形，退化叶线状钻形，不退化基生叶圆形或扁圆形，茎生叶盾状，叶缘密被头状黏腺毛。螺状聚伞花序，二歧状分枝，花瓣楔形，白色、淡红色或红色。花果期 6～9 月。生于 1200～3650m 的松林和疏林下、草丛或灌丛中。

蓼科 Polygonaceae

金荞麦 *Fagopyrum dibotrys* (D. Don) Hara

多年生草本。叶片三角形，长 4～12cm，宽 3～11cm，全缘，顶端渐尖，基部近戟形，两面具乳头状突起或被柔毛，托叶鞘筒状。花序伞房状，花白色，花被片长椭圆形。瘦果具 3 锐棱，黑褐色。花期 7～9 月，果期 8～10 月。生于海拔 250～3200m 的山谷湿地、山坡灌丛中。

火炭母 *Polygonum chinense* L.

多年生草本。叶片卵形或长卵形，长 4～10cm，宽 2～4cm，全缘，顶端短渐尖，基部截形或宽心形，两面无毛，叶柄基部具叶耳，上部叶近无柄或抱茎。花序头状，花白色或淡红色。瘦果具 3 棱，黑色。花期 7～9 月，果期 8～10 月。生于海拔 115～3200m 的林中、林缘、河滩、灌丛及沼泽地林下。

水蓼 *Polygonum hydropiper* L.

一年生草本。叶片披针形或椭圆状披针形，长 4～8cm，宽 0.5～2.5cm，顶端渐尖，基部楔形，全缘，具缘毛，两面无毛。总状花序呈穗状，花绿色，上部白色或淡红色。瘦果双凸镜状或具 3 棱。花果期全年。生于海拔 350～3300m 的草地、山谷溪边、林中及沼泽等潮湿处。

绢毛蓼 *Polygonum molle* D. Don

半灌木，茎及叶柄具长硬毛。叶片椭圆形或椭圆状披针形，长 10～20cm，宽 3～6cm，全缘，顶端渐尖，基部楔形，两面具绢毛。花序圆锥状，花序轴密生柔毛，花白色。瘦果具 3 棱，黑色，有光泽。花果期 8～11 月。生于海拔 1000～3050m 的山坡林下、山谷林下及林缘。

红蓼 *Polygonum orientale* L.

一年生草本，茎、叶脉、叶柄及托叶鞘密被开展的长柔毛。叶片卵状披针形，长 10～20cm，宽 5～12cm，顶端渐尖，基部圆形或近心形，边缘密生缘毛，两面密生短柔毛。总状花序呈穗状，花紧密，淡红色或白色。瘦果近圆形。花果期 5～12 月。生于海拔 930～3200m 的山谷、草坡、沟边等处。

钟花蓼 *Polygonum campanulatum* Hook. f.

多年生草本。叶片长卵形或宽披针形，长 8 ～ 15cm，宽 3 ～ 5cm，顶端渐尖或呈尾状，基部宽楔形或近圆形，两面疏生柔毛，叶柄密生柔毛，托叶鞘筒状。花序圆锥状，花淡红色或白色。瘦果宽椭圆形，稍有光泽。花期 7 ～ 8 月，果期 9 ～ 10 月。生于海拔 2100 ～ 4000m 的山坡、沟谷湿地。

伏毛蓼 *Polygonum pubescens* Blume

一年生草本。叶片卵状披针形，长 5 ～ 10cm，宽 1 ～ 2.5cm，顶端渐尖或急尖，基部宽楔形，叶面绿色，中部具黑褐色斑点，两面、叶柄及托叶鞘密被短硬伏毛。花序穗状，花稀疏，绿色，上部红色。瘦果具 3 棱。花期 2 ～ 12 月，果期 3 ～ 12 月。生于海拔 410 ～ 2200m 的林中、灌丛、水旁及田边湿地。

商陆科 Phytolaccaceae

商陆 *Phytolacca acinosa* Roxb.

多年生草本，全株无毛。叶片椭圆形或长椭圆形，长 11 ～ 30cm，宽 4.5 ～ 11cm，顶端急尖，基部楔形，渐狭，两面散生细小白色斑点。总状花序顶生，圆柱状，直立，白色、黄绿色。果序直立，浆果扁球形，熟时黑色。花果期 6 ～ 10 月。普遍野生于海拔 1500 ～ 3400m 的沟谷、山坡林下、林缘及路旁。

苋科 Amaranthaceae

白花苋 *Aerva sanguinolenta* (L.) Blume

多年生草本，分枝嫩时具白色绵毛。叶对生或互生，叶片卵状椭圆形、矩圆形或披针形，长 1.5 ～ 8cm，宽 5 ～ 35mm，具微柔毛。花序有白色或带紫色绢毛，花被片白色或粉红色。花期 4 ～ 6 月，果期 8 ～ 10 月。生于海拔 700 ～ 1900m 的山坡路旁、林缘草坡。

青葙 *Celosia argentea* L.

一年生草本，全株无毛。叶片矩圆披针形，长 5 ～ 15cm，宽 1 ～ 5cm，全缘，顶端急尖或渐尖，具小芒尖，基部渐狭。花多数，密生，在茎端或枝端成圆柱状穗状花序，花被片初为白色，顶端

带红色。果卵形。花期 5～8 月，果期 6～10 月。生于海拔 600～1650m 的荒地及荒坡。

川牛膝 *Cyathula officinalis* Kuan
多年生草本。叶片椭圆形或窄椭圆形，长 4～12cm，宽 2～6cm，全缘，顶端渐尖或尾尖，基部楔形或宽楔形，两面有贴生长糙毛。聚伞花序呈球团，不育花变成具钩的坚硬芒刺。花期 6～7 月，果期 8～9 月。生于海拔 1500～3200m 的灌丛草坡、林缘及河边。

亚麻科 Linaceae

石海椒 *Reinwardtia indica* Dumort.
小灌木。叶互生，倒卵状椭圆形或椭圆形，长 2.5～7cm，宽 1～1.5cm，先端稍圆具小尖头，基部楔形，全缘或具细钝齿。花单生或数朵丛生于叶腋或枝顶，花瓣黄色。蒴果球形，红褐色。花期 4～5 月，果期 7～11 月。生于海拔 600～2700m 的山坡、河边、石山。

凤仙花科 Balsaminaceae

水凤仙花 *Impatiens aquatilis* Hook. f.
一年生草本，全株无毛。叶在上部较密集，披针形或卵状披针形，长 6～12cm，宽 3～4cm，顶端渐尖，基部渐狭成短叶柄或近无柄，边缘具圆齿状锯齿，侧脉 6～8 对。花较大，紫红色。蒴果线形。花期 8～9 月，果期 10 月。生于海拔 1500～3000m 的河谷、溪边岩石上。

蒙自凤仙花 *Impatiens mengtzeana* Hook. f.
草本，几无毛。叶片卵形、倒卵形、椭圆形或倒披针形，长 5～10cm，宽 2.5～5cm，先端渐尖，基部渐狭，边缘具细锯齿或小圆齿，叶柄长 3～5cm。花大，黄色。蒴果线形。花期 8～10 月，果期 11～12 月。生于海拔 1100～2000m 的山涧溪边、密林下、潮湿草地。

黄金凤 *Impatiens siculifer* Hook. f.
一年生草本。叶通常密集于茎或分枝的上部，卵状椭圆状披针形，长 5～10cm，宽 2.5～5cm，先端急尖或渐尖，基部楔形，边缘有粗圆齿，齿

川牛膝

石海椒

水凤仙花

蒙自凤仙花

间有小刚毛。总状花序，黄色，有紫色斑点。蒴果近棒状。花期5～7月，果期8～9月。生于海拔1300～2800m的常绿阔叶林下或溪边。

黄金凤

海桑科 Sonneratiaceae

八宝树 *Duabanga grandiflora* (Roxb. ex DC.) Walp.
常绿乔木，枝轮生于树干上。叶片阔椭圆形或矩圆形，长11～15cm，宽5～15cm，单叶对生，全缘，顶端短渐尖，基部深裂成心形，侧脉20～24对。伞房花序，花白色，雄蕊极多数。蒴果近卵球形，成熟时从顶端向下纵裂。花期3～4月，果期5～8月。生于海拔300～1260m的山谷、河边密林中或疏林中。

八宝树

瑞香科 Thymelaeaceae

白瑞香 *Daphne papyracea* Wall. ex Steud.
常绿灌木。叶密集于小枝顶端，长椭圆形，长9～14cm，宽1.2～4cm，先端钝形，尖头钝形或急尖，基部楔形，两面无毛，侧脉6～15对。花白色，花萼管状，顶部4裂。果实为浆果，成熟时红色。花期12月，果期翌年1～3月。生于海拔1500～2400m的荒坡、疏林下。

白瑞香

毛管花 *Eriosolena composita* (L. f.) Van Tiegh.
常绿灌木。叶片全缘，椭圆形，长5～11cm，宽1.8～3.5cm，先端渐尖，基部楔形，两面均无毛。头状花序具花8～10朵，花萼白色，外面密被绢毛，萼管长约1.2cm，先端4裂。浆果卵圆形，黑色。花期春季，果期10～12月。生于海拔1300～1750m的林中或山坡灌丛中。

毛管花

山龙眼科 Proteaceae

小果山龙眼 *Helicia cochinchinensis* Lour.
常绿乔木。叶片长圆形，长7～14cm，宽2～3cm，先端渐尖或长渐尖，尖头或钝，基部楔形，上半部叶缘具浅锯齿。总状花序单生叶腋，花白色或淡黄色。果椭圆状，幼时绿色，后深蓝色。花期7～8月，果期11月。生于海拔550～1700m的山谷疏林阴湿处。

小果山龙眼

深绿山龙眼 *Helicia nilagirica* Bedd.

常绿乔木。叶片倒卵状长圆形、椭圆形或长圆状披针形，长 10～17cm，宽 4.5～9cm，顶端短渐尖、近急尖或钝，基部下延，边缘或上半部具疏生锯齿。总状花序，花白色或浅黄色。果呈稍扁的球形，绿色。花期 4～5 月，果期 7～12 月。生于海拔 1100～2100m 的山坡阳处或疏林中。

海桐花科 Pittosporaceae

羊脆木 *Pittosporum kerrii* Craib

常绿小乔木。叶片全缘，常簇生于枝顶，倒披针形，长 6～12cm，宽 2～4.5cm，先端短尖或渐尖，基部楔形，叶柄长 1～2cm。圆锥花序顶生，花黄白色，有芳香。蒴果短圆形，果柄粗壮。花期 4～6 月，果期 7～12 月。生于海拔 750～2300m 的山坡林下。

西番莲科 Passifloraceae

月叶西番莲 *Passiflora altebilobata* Hemsl.

草质藤本。叶纸质，长 3.5～6cm，宽 2.5～4.5cm，先端深 2 裂，基部圆形，背面近顶端具 4 个小腺体，叶柄具有 2 个腺体，长 1.5～2.5cm。花序有 2～6 朵花，花白色，外副花冠裂片 2 轮。浆果球形，光滑。花期 4～5 月，果期 6～8 月。生于海拔 600～1500m 的山谷、水旁及疏林中。

葫芦科 Cucurbitaceae

野黄瓜 *Cucumis hystrix* Chakr

一年生攀缘草本，被白色糙硬毛和短刚毛。叶片卵状心形，长 4～7cm，宽 3.5～6.5cm，具不规则 3～5 浅裂，边缘有小齿，顶端急尖，基部心形，掌状五出脉。花冠黄色。果实长圆状球形，密布具刺尖的瘤状突起。花期 6～8 月，果期 8～10 月。常生于海拔 620～1550m 的山谷河边阴湿处、林下及灌丛中。

毛绞股蓝 *Gynostemma pubescens* (Gagnep.) C. Y. Wu ex C. Y. Wu et S. K. Chen

攀缘草本，茎密被卷曲短柔毛。叶片鸟足状，具 5 小叶，小叶长 5.5～10cm，宽 2～3.5cm，两

深绿山龙眼

羊脆木

月叶西番莲

野黄瓜

面及叶柄均被较密硬毛状短柔毛，叶边缘具粗齿，侧脉 8～9 对。卷须近顶端二歧，圆锥花序密被长柔毛。果球形，无毛。花果期 8～10 月。生于海拔 850～2350m 的山坡林下或灌丛中。

异叶赤瓟 *Thladiantha hookeri* Hemsl. ex Forbes et Hemsl.

草质藤本，具块根。单叶或鸟足状复叶，叶柄长 3～6cm，叶卵形或卵状披针形，不分裂或不规则的 2～3 裂，长 8～12cm，宽 4～8cm，先端渐尖，基部心形，边缘具稀疏小齿，背面近无毛，叶面粗糙，卷须单生，线形。雄花呈总状或单生，雌花单生。果实长圆形，两端钝圆。花期 4～8 月，果期 5～10 月。生于海拔 950～2900m 的山坡林下、林缘及灌丛中。

短序栝楼 *Trichosanthes baviensis* Gagnep.

草质藤本。叶片卵形，长 5～20cm，宽 5～13cm，不分裂，先端渐尖，基部深心形，边缘具疏细齿，叶面疏被短柔毛，背面密被短绒毛，基出掌状脉 5 条，叶柄长 4～9cm。伞房花序，花冠绿色，裂片先端流苏状。果实卵形，绿色，具浅色条纹。花期 4～5 月，果期 5～9 月。生于海拔 700～1000m 的常绿阔叶林下或灌丛中。

马干铃栝楼 *Trichosanthes lepiniana* (Naud.) Cogn.

草质藤本。单叶互生，叶片轮廓近圆形，长 9～17(～20)cm，宽近于长，3～5 浅裂至中裂，常 3 浅裂，裂片叉开，边缘具钻状细齿。雌雄异株，花冠白色。果实卵球形，平滑无毛，熟时红色。花期 5～7 月，果期 8～11 月。生于海拔 540～1900m 的山谷常绿阔叶林、山坡疏林、灌丛中。

五角栝楼 *Trichosanthes quinquangulata* A. Gray

攀缘草本。单叶互生，五角形或宽卵形，长 13～22cm，宽 12～20cm，5 浅裂至中裂，裂片阔三角形或卵状三角形，先端尾状渐尖，基部心形，边缘具疏离骨质小齿，叶面沿脉被短柔毛，背面无毛，叶柄长 5～11cm，卷须 4～5 歧。雌雄异株，花冠白色，具长而细的流苏。果球形，光滑无毛，熟时红色。花期 7～10 月，果期 10～12 月。生于海拔 580～850m 的山坡林中或路旁。

毛绞股蓝

异叶赤瓟

短序栝楼

马干铃栝楼

五角栝楼

红花栝楼 *Trichosanthes rubriflos* Thorel ex Cayla

草质攀缘藤本。叶片阔卵形或近圆形，长、宽近相等，为 7～20cm，3～7 掌状深裂，具细齿，或具不规则的粗齿，叶面被短刚毛，背面被短柔毛，卷须 3～5 歧。雌雄异株，花冠粉红色至红色。果实阔卵形或球形，熟时红色，平滑无毛。花期 5～11 月，果期 8～12 月。生于海拔 400～1540m 的山谷密林、山坡疏林及灌丛中。

马㼎儿 *Zehneria japonica* (Thunb.) S. K. Chen

草质攀缘藤本。叶片卵状心形、三角形、三角状卵形或戟形，长 5～7cm，宽 5～6.5cm，不分裂或 3～5 浅裂，先端急尖或渐尖，基部戟形或稍截形，边缘具细齿。花冠白色。果实长圆形或卵形，成熟时红色或橘红色。花果期 9～11 月。生于海拔 650～1420m 的沟谷林中阴湿处或灌丛中。

秋海棠科 Begoniaceae

歪叶秋海棠 *Begonia augustinei* Hemsl.

多年生草本，具生花的短茎。叶多数基生，卵形，偏斜，长 15～30cm，宽 13～15cm，先端渐尖，基部偏斜心形，边缘具锯齿，叶面初被硬毛。聚伞花序少花，花粉红色。蒴果下垂，具不等 3 翅。花期 7～8 月，果期 10 月。生于海拔 1000～1500m 的密林下或潮湿地。

粗嚎秋海棠 *Begonia crassirostris* Irmsch.

多年生草本。叶片长圆形，长 13～18cm，宽 3.5～6cm，先端长渐尖，基部极偏斜心形，边缘疏生小齿及短缘毛。聚伞花序，花白色，雄蕊多数，离生。果近球形，先端有长 3mm 的粗喙。花期 6～8 月，果期 8～10 月。生于海拔 1400～2200m 的落叶林下。

掌叶秋海棠 *Begonia hemsleyana* Hook. f.

多年生草本。叶片掌状 5～7 深裂似掌状复叶，裂片披针形，长 6～11cm，宽 1.5～2.5cm，先端渐尖，基部楔形或宽楔形，边缘有锐齿。花粉红色，子房有不等 3 翅。蒴果下垂，有不等 3 翅。花期 8～9 月，果期 10～12 月。生于海拔 1250m 的林下或溪沟边阴湿处。

红孩儿 *Begonia palmata* D. Don var. *bowringiana* (Champ. et Benth.) J. Golding et C. Kareg.
多年生直立草本。茎和叶柄均密被锈褐色绵状长柔毛或绒毛。叶片斜卵形，长 5～10cm，宽 3.5～13cm，浅至中裂，裂片宽三角形至狭三角形，先端渐尖，基部斜心形，边缘有锯齿或微具齿，叶面被短小硬毛，背面密被锈色绒毛。花被片玫瑰色或白色，外面密被混合毛。花期 6～8 月，果期 9～11 月。生于海拔 1100～2450m 的常绿阔叶林下阴湿处或溪沟旁。

山茶科 Theaceae

茶梨 *Anneslea fragrans* Wall.
常绿乔木。叶通常密集于小枝顶端，长圆形，长 8～15cm，宽 3～5cm，先端急尖，基部楔形，边缘具不明显波状锯齿，叶面深色，背面淡绿白色，叶柄长 2～3.5cm。花数朵，淡红色或乳白色，花瓣基部连合。果实浆果状，近球形，直径 2～3.5cm。花期 12 月至翌年 2 月，果期 8～10 月。多生于海拔 1100～2000m 的阔叶林中或林缘灌丛中。

普洱茶 *Camellia assamica* (Mast.) Chang
常绿乔木，嫩枝有微毛，顶芽有白柔毛。叶片椭圆形，宽大，边缘有细锯齿，先端锐尖，基部楔形，背面中肋上有柔毛。花腋生，花瓣 6～7 片，白色，无毛。子房被绒毛。蒴果扁三角球形，3 爿裂开。花期 10～12 月，果期翌年 8～10 月。生于海拔 100～1500m 的常绿阔叶林中。

岗柃 *Eurya groffii* Merr.
常绿乔木，嫩枝及叶柄密被柔毛。叶片针形或披针状长圆形，长 4～10cm，宽 1.5～2.5cm，顶端渐尖或长渐尖，基部近楔形，边缘密生细锯齿，叶面无毛，背面密被短柔毛。花数朵簇生叶腋，花瓣 5 片，白色。果实圆球形，成熟时黑色。花期 9～11 月，果期翌年 4～6 月。多生于海拔 600～2100m 阔叶林下或林缘灌丛中。

景东柃 *Eurya jintungensis* Hu et L. K. Ling
常绿灌木。叶边缘密生细锯齿，长圆状椭圆形，长 6～9cm，宽 2～3.2cm，顶端急窄缩成短渐

尖，基部楔形，两面均无毛。花 2 ~ 3 朵腋生，花瓣白色，雄蕊 15 ~ 18 枚，子房先端 3 裂。果实圆球形。花期 12 月至翌年 1 月，果期 6 ~ 8 月。生于海拔 1400 ~ 2450m 的常绿阔叶林下或林缘灌丛中。

黄药大头茶 Gordonia chrysandra Cowan

常绿乔木。叶片狭倒卵形，长 6 ~ 11cm，宽 2.5 ~ 4.5cm，先端钝或圆，基部楔形，边缘大部分有尖锯齿，近基部全缘，叶面有光泽，干后呈黄绿色。花淡黄色，有香气，雄蕊多数。蒴果圆柱形，5 片裂开。花期 11 ~ 12 月，果期翌年 8 ~ 9 月。生于海拔 1100 ~ 2400m 的阔叶林下或常绿灌丛中。

西南木荷 Schima wallichii (DC.) Korthals

常绿乔木。叶片全缘，阔椭圆形至椭圆形，长 8 ~ 17.5cm，宽 4 ~ 7.5cm，先端急尖，基部阔楔形，叶面无毛，背面疏生柔毛，叶柄被灰色柔毛。花单生或 2 ~ 3 朵簇生叶腋，白色，芳香。蒴果圆球形，具白色小皮孔。花期 4 ~ 5 月，果期 11 ~ 12 月。生于海拔 800 ~ 1800m 的常绿阔叶林或混交林中。

厚皮香 Ternstroemia gymnanthera (Wigth et Arn.) Beddome

灌木或小乔木。叶片倒卵形、倒卵状椭圆形或长圆状倒卵形，长 4 ~ 9cm，宽 1.5 ~ 3.5cm，先端钝或钝急尖，基部楔形，全缘或少有上半部具疏钝齿，叶柄长 7 ~ 13mm。花淡黄白色。果圆球形，紫红色。花期 5 ~ 7 月，果期 10 ~ 11 月。生于海拔（760 ~ ）1100 ~ 2700m 的阔叶林、松林下或林缘灌丛中。

肋果茶科 Sladeniaceae

毒药树 Sladenia celastrifolia Kurz

常绿乔木。叶卵形或狭卵形，长 7 ~ 16.5cm，宽 3 ~ 5.5cm，顶端短渐尖或尾状渐尖，基部钝或近圆形，叶缘具小锯齿，叶面无毛，背面中脉疏生短柔毛。花单生于叶腋，白色，萼片和花瓣覆瓦状排列。果瓶状，先端细缩。花期 6 月，果期 9 月。生于海拔 1100 ~ 1900m 的沟谷常绿阔叶林中。

水东哥科 Saurauiaceae

尼泊尔水东哥 *Saurauia napaulensis* DC.

常绿乔木。叶片椭圆形或倒卵状矩圆形，叶缘具细锯齿，长 18～30cm，宽 7～12cm，顶端短渐尖或锐尖，基部钝或近圆形，叶面无毛，背面被糠秕状短绒毛，侧脉多。圆锥花序，花粉红色至淡紫色。果扁球形或近球形，有明显的 5 棱。花果期 5～12 月。生于海拔 450～2500m 的河谷或山坡常绿林或灌丛中。

尼泊尔水东哥

水东哥 *Saurauia tristyla* DC.

灌木或小乔木。叶片倒卵状椭圆形、长椭圆形，长 10～28cm，宽 5～10cm，顶端短渐尖至尾状渐尖，基部楔形，稀钝，叶缘具刺状锯齿。花 1～4 朵生于叶腋或老枝落叶叶腋，花粉红色或白色。果球形，白色。花果期 3～12 月。生于海拔 300～1200m 的河谷林中或山谷湿润处。

水东哥

桃金娘科 Myrtaceae

五瓣子楝树 *Decaspermum parviflorum* (Lam.) A. J. Scott

灌木或小乔木。叶片披针形或长圆状披针形，长 4～9cm，宽 1.8～4cm，先端渐尖，基部阔楔形，两面密布黑色腺点，侧脉 12～15 对，两面均不明显。聚伞花序常排成圆锥花序，花瓣白色，边缘有睫毛。浆果球形。花期 5～6 月，果期 7～9 月。生于海拔 1000～2300m 的山坡混交林内或河边疏林中。

五瓣子楝树

滇南蒲桃 *Syzygium austroyunnanense* H. T. Chang et Miau

常绿乔木。叶片全缘，椭圆形或长圆形，长 10～18cm，宽 4～7cm，顶端短急尖，具钝尖头，基部宽楔形，侧脉 13～20 对，叶柄长 1～1.5cm。圆锥花序顶生，花常 3 朵聚集，雄蕊伸出。果实长圆形，宿存萼片 4。花期 6～7 月，果期 8～10 月。生于海拔 1400～1630m 的山谷疏林中阴湿处。

滇南蒲桃

阔叶蒲桃 *Syzygium latilimbum* Merr. et Perry

常绿乔木。叶片全缘，狭长椭圆形至椭圆形，长 10～30cm，宽 8～13cm，先端渐尖，基部圆形，侧脉 10～22 对。聚伞花序顶生，花 2～6 朵，

阔叶蒲桃

花大，白色，花瓣分离，雄蕊极多。果实卵状球形，直径 5～6cm。花期 5～6 月，果期 7～10 月。生于海拔 620～1150m 的河边混交林中。

思茅蒲桃 *Syzygium szemaoense* Merr. et Perry
常绿乔木。叶片全缘，椭圆形或狭椭圆形，长4～10cm，宽 1.5～4cm，先端渐尖，基部楔形，侧脉多而密，叶柄短。圆锥花序顶生，有花3～9 朵，花瓣分离。果实椭圆状卵形，成熟时紫色。花期 7～8 月，果期 9～10 月。生于海拔650～1600m 的山坡密林中。

野牡丹科 Melastomataceae

北酸脚杆 *Medinilla septentrionalis* (W. W. Sm.) H. L. Li
常绿灌木。叶片边缘中部以上具疏细锯齿，卵状披针形至广卵形，长 7～8.5cm，宽 2～3.5cm，顶端尾状渐尖，基部钝或近圆形，基出脉 5 条，叶面无毛，背面具糠秕。聚伞花序，花瓣粉红色，雄蕊 4 长 4 短。浆果坛形。花期 6～9 月，果期翌年 2～5 月。生于海拔 500～1760m 的山谷、山坡密林中或林缘阴湿处。

多花野牡丹 *Melastoma affine* D. Don
常绿灌木。分枝、叶两面、叶柄、花梗及花萼密被糙伏毛。叶片披针形、卵状披针形或近椭圆形，长 5.4～13cm，宽 1.6～4.4cm，顶端渐尖，基部圆形或近楔形，全缘，基出脉 5 条。伞房花序，花瓣粉红色至红色，上部具缘毛。蒴果坛状球形，宿存萼密被鳞片状糙伏毛。花期 2～5 月，果期8～12 月。生于海拔 300～1830m 的山坡、山谷林下或疏林下。

宽叶金锦香 *Osbeckia chinensis* L. var. *angustifolia* (D. Don) C. Y. Wu et C. Chen
直立草本。叶片线形或线状披针形，长 3～5cm，宽 6～10mm，顶端急尖，基部钝或几圆形，全缘，两面被糙伏毛。头状花序，花瓣 4，淡紫红色或粉红色，具缘毛，雄蕊偏向一侧。蒴果紫红色，宿存萼坛状。花期 8～10 月，果期 11 月至翌年 1 月。生于海拔 550～1800m 的荒山草坡、路旁、田地边或疏林下。

假朝天罐 *Osbeckia crinita* Benth. ex C. B. Clarke
灌木。叶片长圆状披针形，长 4～9cm，宽 2～
3.5cm，顶端急尖至近渐尖，基部钝或近心形，全
缘，具缘毛，两面及叶柄被糙伏毛，基出脉 5 条。
总状花序，花萼具有柄星状毛，花瓣 4，紫红色，
雄蕊 8，偏向一侧。蒴果顶宿存萼，密被多轮刺
毛状有柄星状毛。花期 8～11 月，果期 10～12 月。
生于海拔 800～2300m 的山坡向阳草地、地梗或
矮灌木丛中。

假朝天罐

尖子木 *Oxyspora paniculata* (D. Don) DC.
常绿灌木。叶片卵形或狭椭圆状卵形，长 12～
24cm，宽 4.6～11cm，顶端渐尖，基部圆形或浅
心形，边缘具小齿，背面及叶柄通常被糠秕状星
状毛。圆锥花序被秕糠状星状毛，花瓣红色至粉
红色。蒴果宿存萼漏斗形。花期 7～9 月，果期
翌年 1～3 月。生于海拔 500～1900m 的山谷密
林、阴湿处或溪边及山坡疏林下。

尖子木

蜂斗草 *Sonerila cantonensis* Stapf
草本，植株矮小。叶片卵形或椭圆状卵形，长
3～5.5cm，宽 1.3～2.2cm，顶端短渐尖或急尖，
基部楔形或钝，边缘具细锯齿，齿尖有刺毛，
叶面被星散的紧贴短刺毛。蝎尾状聚伞花序，
花瓣粉红色或浅玫瑰红色。蒴果倒圆锥形。花
期 9～10 月，果期 12 月至翌年 2 月。生于海拔
1000～1500m 的山谷、山坡密林下及荒地上。

蜂斗草

三蕊草 *Sonerila tenera* Royle
草本，茎棱上具狭翅。叶片狭椭圆形至卵形，长
10～25mm，宽 4～7mm，顶端短渐尖，基部楔
形，边缘具细锯齿，两面被星散的长粗毛，侧脉
两对。花序蝎尾状，花瓣粉红色、紫红色或浅蓝
色。花期 8～10 月，果期 10～12 月。生于海拔
800～1800m 的松林下、林间空地、林缘路边草
丛中及草地等。

三蕊草

使君子科 Combretaceae

石风车子 *Combretum wallichii* DC.
木质藤本。叶片椭圆形至长圆状椭圆形，长
5～13cm，宽 3～6cm，先端短尖或渐尖，基部
渐狭，老时两面无毛，侧脉 7～9 对。穗状花序

石风车子

单生，花序轴被褐色鳞片及微柔毛。果具4翅，翅红色，被白色或金黄色鳞片。花期5～8月，果期9～11月。多生于海拔1000～1800m的山坡、路旁、沟边的杂木林或灌丛中。

千果榄仁 *Terminalia myriocarpa* Vaniot Huerck et Müell. -Arg.

常绿乔木，具大板根。叶片长椭圆形，长10～18cm，宽5～8cm，全缘，除中脉两面被黄褐色毛，叶柄具柄腺体2个。大型圆锥花序，花极小，红色。瘦果具3翅。花期8～9月，果期10月至翌年1月尚存。为云南省南部海拔600～1500m河谷及湿润土壤上的热带雨林上层习见树种之一。

金丝桃科 Hypericaceae

红芽木 *Cratoxylum formosum* (Jack) Dyer subsp. *pruniflorum* (Kurz) Gogelin

落叶小乔木，幼枝、叶、花梗及萼片外面密被柔毛。叶片椭圆形，长5～11cm，宽2.5～4cm，先端钝形或急尖，基部圆形，背面有透明腺点。团伞花序生于脱落叶痕腋内。蒴果椭圆形，顶端略尖，无毛。花期4～5月，果期6月以后。生于海拔1400m以下的山地次生疏林或灌丛中。

藤黄科 Guttiferae

云南藤黄 *Garcinia yunnanensis* Hu

乔木。叶片倒披针形、倒卵形或长圆形，长（5～）9～16cm，宽2～5cm，先端钝渐尖、突尖或圆形，有时微凹或2裂状，基部下延成楔形，边缘微反卷。花杂性，雄花为顶生或腋生，圆锥花序，花瓣黄色。幼果椭圆形，外面光滑无棱，柱头宿存，盾形成4裂片状。花期4～5月，果期7～8月。生于海拔1300～1600m的丘陵、坡地的杂木林中。

椴树科 Tiliaceae

一担柴 *Colona floribunda* (Wall.) Craib.

常绿乔木，嫩枝被星状柔毛。叶片阔倒卵状圆形或近圆形，长14～24cm，宽12～20cm，先端急尖或渐尖，基部微心形，两面均被星状毛，基

出脉 5 ～ 7 条，叶柄长 2.5 ～ 10cm。圆锥花序，花瓣黄色。蒴果有翅 3 ～ 5 条，被星状毛。花期 8 ～ 9 月，果期 10 ～ 11 月。生于海拔 340 ～ 1800m 的次生林中。

长勾刺蒴麻 *Triumfetta pilosa* Roth.
亚灌木，茎、叶背面及叶柄密被灰黄色长柔毛。叶片卵状至卵状披针形，长 4 ～ 12cm，宽 2 ～ 5cm，先端长渐尖，基部圆形或微心形，叶面被柔毛，边缘具不整齐锯齿，基出脉 3 条，叶柄长 1 ～ 4cm。聚伞花序，花瓣与萼片近等长，萼片外面被长柔毛。蒴果具钩刺，刺长 8 ～ 10mm。花期 4 ～ 10 月，果期 10 ～ 12 月。生于海拔 130 ～ 2000m 的疏林灌丛及旷野中。

杜英科 Elaeocarpaceae

滇藏杜英 *Elaeocarpus braceanus* Watt ex C. B. Clarke
乔木。叶片全缘或有不规则小钝齿，长圆形或椭圆形，长 12 ～ 15cm，宽 4 ～ 6cm，先端急锐尖，基部钝，中脉有残留柔毛，背面被褐色柔毛，叶柄密被锈褐色绒毛。总状花序，花瓣与萼片两面均有柔毛。核果椭圆形，有残留绒毛，内果皮有深的纵条纹。花期 10 ～ 11 月，果期 12 月至翌年 2 月。生于海拔 800 ～ 2400m 的沟谷、山坡常绿阔叶林中。

大果杜英 *Elaeocarpus fleuryi* A. Chev. ex Gagnep.
乔木。叶片倒卵形或倒卵状长圆形，长 14 ～ 23cm，宽 5.5 ～ 8cm，先端尖锐，基部楔形，两面无毛，边缘有钝锯齿，叶柄顶端显著膨大。总状花序被绒毛，花瓣两面均有毛。核果椭圆形，长 4.5 ～ 5cm，直径 2.5 ～ 3cm，无毛，内果皮有不明显瘤状突起，具 3 条纵缝。花期 4 ～ 5 月，果期 6 ～ 10 月。生于海拔 1500 ～ 2100m 的山坡密林中。

樱叶杜英 *Elaeocarpus prunifolioides* Hu
乔木。叶片长圆形或卵状长圆形，长 8 ～ 14cm，宽 3 ～ 6.5cm，先端尖，基部阔楔形，侧脉 8 ～ 9 对，边缘有小钝齿，叶柄顶端膨大。核果椭圆形，两端圆，长 1.4 ～ 1.9cm，直径 7 ～ 11mm，内果皮骨质，外果皮光亮。花期 1 ～ 2 月，果期 3 ～ 6 月。生于海拔 600 ～ 1700m 的山坡密林中。

长勾刺蒴麻

滇藏杜英

大果杜英

樱叶杜英

梧桐科 Sterculiaceae

光叶火绳 *Eriolaena glabrescens* Aug. DC.

乔木。叶片圆形或卵圆形，长7～10cm，宽6～10cm，顶端急尖或短渐尖，基部心形，嫩叶两面被星状短柔毛，基生脉7条。花序伞房状，花瓣黄色。蒴果卵形或卵状椭圆形，顶端尖或有较长的尖喙，外面密被淡黄色星状短绒毛。花期8～9月，果期11～12月。生于海拔800～1300m的山坡和山谷中。

长序山芝麻 *Helicteres elongata* Wall.

灌木，小枝及叶两面被星状短柔毛。叶片矩圆状披针形，长5～11cm，宽2.5～3.5cm，顶端渐尖，基部圆形而偏斜，边缘具锯齿，叶柄长约1cm。聚伞花序有多数花，花瓣5片，黄色。蒴果长圆柱形，顶端尖锐，密被灰黄色星状毛。花期6～10月，果期11～12月。生于海拔190～1600m的路边、村边荒地上或干旱草坡上。

蒙自苹婆 *Sterculia henryi* Hemsl.

乔木。叶片长圆形或披针状长圆形，长14～25cm，宽4～6cm，顶端渐尖，基部圆形，两面均无毛，侧脉约15对，叶柄长2.5～5cm。总状花序腋生，萼分裂几至基部，先端互相黏合，红色。花期3～4月，果期5～8月。生于海拔1000～1500m的森林中。

假苹婆 *Sterculia lanceolata* Cav.

乔木。叶片椭圆形，长9～20cm，宽3.5～8cm，顶端急尖，基部钝形或近圆形，叶面无毛，背面几无毛，侧脉每边7～9条，叶柄两端膨大。圆锥花序腋生，花淡红色，萼片开展如星状。蓇葖果鲜红色，长卵形或长椭圆形，顶端有喙。花期4～5月，果期7～8月。生于海拔200～1100m的常绿阔叶林缘或疏林中。

木棉科 Bombacaceae

木棉 *Bombax malabaricum* DC.

落叶乔木，树干具粗刺。掌状复叶互生，小叶5～7枚，长圆形至长圆状披针形，长10～16cm，宽3.5～5.5cm，顶端渐尖，基部阔或渐狭，全缘。

花单生枝顶叶腋，红色或橙红色。蒴果长圆形，密被长柔毛和星状柔毛。花期 3～4 月，果夏季成熟。生于海拔 1400～1700m 以下的干热河谷、稀树草原及沟谷季雨林内。

锦葵科 Malvaceae

黄蜀葵 *Abelmoschus manihot* (L.) Medicus

一年生或多年生草本，疏被长硬毛。叶片掌状 5～9 深裂，直径 15～30cm，裂片长圆状披针形，具粗钝锯齿，叶柄长 6～18cm。花单生于枝端叶腋，萼佛焰苞状，被柔毛，花大，淡黄色，中央紫色，柱头紫黑色。蒴果卵状椭圆形。花期 8～10 月，果期 11 月至翌年 3 月。常见于山谷草丛、田边或沟旁灌丛间。

黄蜀葵

大萼葵 *Cenocentrum tonkinense* Gagnep.

落叶灌木，全株被星状长刺毛或单毛。叶片近圆形，直径 7～20cm，掌状 5～9 浅裂，裂片宽三角形，先端锐尖，基部心形，叶柄长 6～18cm。花单生，小苞片叶状，花萼膨大，花冠黄色，中央紫色。蒴果近球形。花期 9～11 月，果期 11 月至翌年 3 月。生于海拔 750～1600m 的沟谷、疏林或草丛中。

大萼葵

地桃花 *Urena lobata* L.

草本，小枝、叶背面、叶柄、花及果被星状绒毛。叶片近圆形，大小变异较大，先端浅 3 裂，基部圆形或近心形，边缘具锯齿，叶上面被柔毛，叶柄长 1～4cm。花淡红色，花瓣 5。果扁球形。花期 7～10 月，果期 11 月至翌年 3 月。生于海拔 220～2500m 的干热空旷地、荒坡或疏林下。

地桃花

大戟科 Euphorbiaceae

椴叶山麻杆 *Alchornea tiliifolia* (Benth.) Maell. Arg.

灌木或小乔木，小枝、叶两面及叶柄密生柔毛。叶片卵状菱形、卵圆形或长卵形，长 10～17cm，宽 5.5～16cm，顶端渐尖或尾状，基部楔形或近截平，边缘具腺齿，基部具斑状腺体，基出脉 3 条，叶柄长 6～20cm。蒴果椭圆状，具 3 浅沟，果皮具小瘤和短柔毛。花期 4～6 月，果期 6～7 月。生于海拔 130～1400m 的山地、山谷林下、疏林下或石灰岩山灌丛中。

椴叶山麻杆

西南五月茶 *Antidesma acidum* Retz

灌木或小乔木,除枝条、叶背面、叶柄和花序轴下部被短柔毛或柔毛外,其余均无毛。叶片全缘,椭圆形、卵形或倒卵形,长 3 ~ 21cm,宽 1.5 ~ 9cm,顶端急尖或圆,基部楔形或宽楔形,叶柄长 2 ~ 10mm。总状花序,花多朵。核果果核扁,具蜂窝状网纹。花期 5 ~ 7 月,果期 6 ~ 11 月。生于海拔 140 ~ 1500m 的山地疏林中。

毛银柴 *Aporusa villosa* (Lindl.) Baill.

常绿乔木,除老枝条和叶片上面无毛外,全株各部均被锈色短绒毛或短柔毛。叶片长圆形或圆形,长 8 ~ 13cm,宽 4.5 ~ 8cm,顶端圆或钝,基部宽楔形、钝,全缘或具有稀疏的波状腺齿,叶柄顶端两侧各具 1,小腺体。穗状花序,蒴果椭圆形,顶端有 1 短喙。花果期几乎全年。生于海拔 130 ~ 1500m 的山地密林中或山坡、山谷灌木丛中。

木奶果 *Baccaurea ramiflora* Lour.

常绿乔木。叶片倒卵状长圆形,长 9 ~ 22cm,宽 3 ~ 9.5cm,顶端短渐尖至急尖,基部楔形,全缘,两面均无毛,侧脉 5 ~ 7 条,叶柄长 1 ~ 6cm,两端膨大。雌雄异株,花小,无花瓣,苞片棕红色,总状圆锥花序多茎生。浆果状蒴果卵状或近圆球状,黄色后变紫红色。花期 3 ~ 4 月,果期 6 ~ 10 月。生于海拔 1300 ~ 1500m 的山地密林中或山坡、山谷灌木丛中。

云南斑籽 *Baliospermum effusum* Pax el Hoffm.

常绿灌木。叶片椭圆形,长 9 ~ 16cm,宽 3 ~ 4cm,顶端渐尖至尾状渐尖,基部楔形至阔楔形,边缘疏生锯齿或波状齿,叶柄顶端有 2 个腺体。雌雄异株,雄花序狭圆锥状,花白色;雌花序仅有花数朵。蒴果近扁球形,具 3 纵沟。花期 8 ~ 9 月,果期 10 ~ 12 月。生于海拔 650 ~ 1450m 山地疏林中。

秋枫 *Bischofia javanica* Bl.

落叶乔木。三出复叶,顶生小叶较两侧的大,小叶片卵形或椭圆状卵形,长 7 ~ 21cm,宽 4 ~ 12cm,顶端突尖或短渐尖,基部宽楔形至钝,边缘具钝细锯齿。总状花序着生于新枝的下部。果实浆果状,成熟时褐红色。花期 3 ~ 5 月,果期 8 ~ 11 月。生于海拔 500 ~ 1800m 的林下山地、潮湿沟谷林中。

黑面神 *Breynia fruticosa* (L.) Hook. f.

灌木。叶片全缘，卵形，长 3～7cm，宽 1.8～3.5cm，两端钝或急尖，叶面深绿色，背面粉绿色，侧脉每边 3～5 条。花小，单生或 2～4 朵簇生于叶腋内，花柱 3，顶端 2 裂，裂片外弯。蒴果圆球状，有宿存的花萼。花期 4～9 月，果期 5～12 月。生于海拔 1150m 的山坡。

喀西白桐树 *Claoxylon khasianum* Hook. f.

小乔木，嫩枝被短柔毛。叶片长卵形至长圆形，长 18～30cm，宽 5～15cm，顶端骤短渐尖，基部圆钝或阔楔形，近全缘或边缘浅波状，叶柄长 3.5～23cm，顶端无腺体。花序被短柔毛。蒴果具 3 个分果爿，疏生短毛或无毛。花果期 3～11 月。生于海拔 250～1850m 的河谷或山谷湿润常绿阔叶林中。

棒柄花 *Cleidion brevipetiolatum* Pax et Hoffm.

小乔木。叶片倒卵形，长 7～21cm，宽 3.5～10cm，顶端短渐尖，向基部渐狭，基部钝，具斑状腺体数个，叶背面的侧脉腋具髯毛，上半部边缘具疏锯齿，叶柄长 1～3cm。雄花 3～7 朵腋生，雌花单朵腋生，萼片花后增大，其中 3 或 4 枚长圆状。果梗棒状，蒴果扁球形，具 3 个分果爿，果皮具疏毛。花果期 3～10 月。生于海拔 500～1350m 的沟谷、山地湿润常绿林中。

白饭树 *Flueggea virosa* (Roxb. ex Willd.) Voigt

灌木。叶片椭圆形，长 2～5cm，宽 1～3cm，顶端圆至急尖，有小尖头，基部钝至楔形，全缘，背面白绿色。花小，淡黄色，多朵簇生于叶腋。蒴果浆果状，近圆球形，成熟时果皮淡白色。花期 3～8 月，果期 7～12 月。生于海拔 100～2000m 的山地灌木丛中。

革叶算盘子 *Glochidion daltonii* (Muell. Arg.) Kurz

常绿灌木或乔木，除叶柄和子房外，全株均无毛。叶片披针形或椭圆形，有时呈镰刀状，长 3～12cm，宽 1.5～3cm，顶端渐尖或短渐尖，基部宽楔形。花簇生于叶腋内，基部有 2 枚苞片。蒴果扁球状，具 8～10 条纵沟。花期 3～5 月，果期 4～10 月。生于海拔 200～2000m 的山地疏林中或山坡灌木丛中。

毛果算盘子 *Glochidion eriocarpum* Champ. ex Benth.

灌木，小枝、叶及蒴果密被淡黄色、扩展的长柔毛。叶片卵形、狭卵形或宽卵形，长 4～8cm，宽 1.4～3.5cm，顶端渐尖或急尖，基部钝、截形或圆形。花单生或 2～4 朵簇生于叶腋内，花柱比子房长 3 倍。蒴果扁球状，具 4～5 条纵沟，顶端具圆柱状宿存花柱。花果期几乎全年。生于海拔 170～1300m 的山坡、山谷灌木丛中或林缘。

艾胶算盘子 *Glochidion lanceolarium* (Roxb.) Voigt

常绿乔木，除子房和蒴果外，全株均无毛。叶片椭圆形、长圆形或长圆状披针形，长 6～17.5cm，宽 2.5～6.5cm，顶端钝或急尖，基部急尖或阔楔形而稍下延。花簇生于叶腋内。蒴果近球状，顶端常凹陷，具 6～8 条纵沟。花期 4～9 月，果期 7 月至翌年 2 月。生于海拔 500～1200m 的山地疏林中或溪旁灌木丛中。

白毛算盘子 *Glochidion arborescens* Bl.

灌木或小乔木，枝条、叶背面和花均被短绒毛或短柔毛。叶片长圆形、卵状长圆形或卵形，长 6～18cm，宽 4～6cm，顶端钝或圆，基部浅心形、截形或圆形。花簇生呈花束。蒴果扁球状，被微柔毛，边缘具 8～12 条纵沟。花期 3～8 月，果期 7～11 月。生于低海拔的山谷、平地潮湿处或溪边湿土上灌木丛中。

中平树 *Macaranga denticulata* (Bl.) Muell. Arg.

乔木，嫩枝、叶、花序和花均被绒毛。叶片三角状卵形或卵圆形，长 12～30cm，宽 11～28cm，叶柄盾状着生，顶端长渐尖，基部钝圆或近截平，两侧各具腺体 1～2 个，叶缘微波状或近全缘，掌状脉 7～9 条，叶柄长 5～20cm。蒴果双球形，具颗粒状腺体。花果期几全年。生于海拔 500～1400m 的低山次生林或山地常绿阔叶林中。

尾叶血桐 *Macaranga kurzii* (Kuntze) Pax et Hoffm.

小乔木，嫩枝、叶、花序均被黄褐色短柔毛和长柔毛。叶片菱状卵形或三角状卵形，长 7～14cm，宽 4～8cm，顶端尾状，基部微耳状心形，两侧

具腺体 1～2 个，全缘，叶柄长 3.5～6cm。雄花序圆锥状，雌花序总状，2 枚近对生的苞片叶状。蒴果双球形，具软刺和颗粒状腺体。花期 3～10月，果期 5～12月。生于海拔 500～1430m 的山坡、山谷密林或山坡灌丛中。

白背叶 *Mallotus apelta* (Lour.) Muell. Arg.

小乔木，小枝、叶柄和花序均密被淡黄色星状柔毛和散生橙黄色颗粒状腺体。叶片卵形或阔卵形，长 6～20cm，宽 5～18cm，顶端急尖或渐尖，基部截平或稍心形，边缘具疏齿，基出脉 5 条，基部有腺体 2 个，叶柄长 5～15cm。蒴果近球形，密生被灰白色星状毛的软刺。花期 6～9 月，果期 8～11 月。生于海拔 100～1000m 的山坡或山谷灌丛中。

毛桐 *Mallotus barbatus* (Wall.) Muell. Arg.

小乔木，嫩枝、叶柄和花序均被黄棕色星状长绒毛。叶片卵状三角形或卵状菱形，长 13～15cm，宽 12～28cm，顶端渐尖，基部圆形或截形，边缘具锯齿或波状，掌状脉 5～7 条，叶柄盾状着生，长 5～22cm。蒴果球形，密被淡黄色星状毛和软刺。花期 4～5 月，果期 9～10 月。生于海拔 110～1500m 的林缘或灌丛中。

白楸 *Mallotus paniculatus* (Lam.) Muell. Arg.

乔木。叶片卵形、卵状三角形或菱形，长 5～15cm，宽 3～10cm，顶端长渐尖，基部楔形或阔楔形，上部有时具 2 裂片，嫩叶两面均被星状绒毛，基出脉 5 条，基部具腺体 2 个，叶柄盾状着生，长 4～11cm。雌雄异株，总状花序，分枝开展。蒴果扁球形，具 3 个分果爿，密被褐色星状毛。花期 7～10 月，果期 11～12 月。生于海拔 500～1500m 的林缘或灌丛中。

石岩枫 *Mallotus repandus* (Willd.) Muell. Arg.

攀缘灌木，嫩叶、嫩枝、叶柄、花序和花梗均密生黄色星状柔毛。叶互生，卵形或椭圆状卵形，长 3.5～8cm，宽 2.5～5cm，全缘或波状，基出脉 3 条，叶柄长 2～6cm。蒴果具 2 或 3 个分果爿，密生黄色粉末状毛。花期 3～5 月，果期 8～9 月。生常海拔 250～600m 的山地疏林中或林缘。

云南叶轮木 *Ostodes katharinae* Pax

乔木。叶片卵状披针形至长圆状披针形，长 10～24cm，宽 5～11cm，顶端尖头常尾状，基部阔楔形至近圆形，边缘有锯齿，叶柄长 3～12cm，无毛。雌雄异株，花序轴密被绒毛。蒴果略扁球状，密被棕色短绒毛。花期 4～5 月，果期几全年。生于海拔 700～2050m 的阴湿疏林或密林中。

余甘子 *Phyllanthus emblica* L.

落叶乔木。叶 2 列，线状长圆形，长 8～20mm，宽 2～6mm，叶面绿色，背面浅绿色，托叶边缘有睫毛。数朵雄花和 1 朵雌花或全为雄花组成聚伞花序，雄花黄色。蒴果呈核果状，圆球形，直径 1～1.3cm，绿白色或淡黄白色。花期 4～6 月，果期 7～9 月。生于海拔 160～2100m 的山地疏林、灌丛、荒地或山沟向阳处。

云桂叶下珠 *Phyllanthus pulcher* Wall. ex Müll. Arg.

灌木，除幼枝被微柔毛和小苞片被睫毛外，全株无毛。叶 2 列，斜长圆形至卵状长圆形，长 1.8～3cm，宽 8～13mm，两侧不对称。花红色，雌雄同株，雌花花萼 6，边缘撕裂状。蒴果近圆球状，光滑。花果期 6～10 月。生于海拔 650～1760m 的山地林下或溪边灌木丛中。

虎耳草科 Saxifragaceae

大叶鼠刺 *Itea macrophylla* Wall. ex Roxb.

乔木。叶片阔卵形或宽椭圆形，长 10～20cm，宽 5～12cm，先端急尖或渐尖，基部圆钝，边缘具腺锯齿，两面无毛，中脉在叶面下陷，中脉和侧脉在背面明显突起，叶柄长 1～2.5cm。总状花序直立，花瓣白色。蒴果平展至下垂。花果期 4～6 月。生于海拔 500～1540m 的疏林、密林中或山坡路边。

绣球科 Hydrangeaceae

常山 *Dichroa febrifuga* Lour.

灌木，茎常呈紫红色。叶片椭圆形、倒卵形、椭圆状长圆形或披针形，长 8～25cm，宽 4～8cm，先端渐尖，基部楔形，边缘具锯齿，叶柄长

1.5～5cm。伞房状圆锥花序，花蓝色或白色。浆果蓝色，顶端宿存萼齿及花柱。花期3～4月，果期5～8月。生于海拔1000～1800m的常绿阔叶林中。

蔷薇科 Rosaceae

高盆樱桃 *Cerasus cerasoides* (D. Don) Sok.

落叶乔木。叶片卵状披针形，长4～12cm，宽2～4.8cm，先端长渐尖，基部钝圆，边缘有细重锯齿，两面无毛，托叶基部羽裂并有腺齿，叶柄先端有2～4个腺点。花1～3朵伞形排列，花萼常红色，花冠淡粉红色或白色。核果圆卵形，熟时紫黑色。花期10～12月，果期翌年1～3月。生于海拔1300～2850m的沟谷密林中。

高盆樱桃

牛筋条 *Dichotomanthus tristaniaecarpa* Kurz

常绿小乔木。叶片长圆披针形，有时倒卵形、倒披针形至椭圆形，长3～7cm，宽1.5～3cm，先端急尖或圆钝并有凸尖，基部楔形至圆形，全缘，背面幼时密被白色绒毛。花多数，花瓣白色。果长圆柱状，突出于肉质红色杯状萼筒之中。花期4～5月，果期6～11月。生于海拔900～3000m的山坡开旷地杂木林中或常绿栎林边缘。

牛筋条

移核 *Docynia indica* (Wall.) Dcne.

小乔木。叶片椭圆形或长圆状披针形，长3.5～9cm，宽1.5～2.5cm，先端急尖，基部宽楔形或近圆形，边缘有浅钝锯齿，叶面无毛，背面被薄层柔毛，叶柄长5～20mm。花3～5朵，花瓣白色。果实近球形或椭圆形，萼片宿存。花期3～4月，果期8～9月。生于1100～3500m的杂木林或次生疏林中。

移核

坚核桂樱 *Laurocerasus jenkinsii* (Hook. f.) Yü et Lu

常绿乔木。叶片长圆形，长6～16cm，宽2.5～5cm，先端短渐尖至尾尖，基部宽楔形，叶边疏生针状尖锐浅锯齿，两面无毛，基部近叶缘常有1对紫黑色扁平基腺。总状花序，花瓣白色。果实宽椭圆形或倒卵球形，核表面具明显粗网纹。花期秋季，果期冬季至翌年春季。生于海拔1000～1800m的山地沟底阴湿处疏林或密林中。

坚核桂樱

绣线梅 Neillia thyrsiflora D. Don

直立灌木。叶片卵形至卵状椭圆形，长 6～8.5cm，宽 4～6cm，先端长渐尖，基部圆形或近心形，通常基部 3 深裂，边缘有尖锐重锯齿，背面沿叶脉有稀疏柔毛，叶柄长 1～1.5cm。圆锥花序顶生，花瓣白色。蓇葖果长圆形，宿萼外面密被柔毛。花期 6～7 月，果期 9～10 月。生于海拔 1000～3000m 的山地丛林中。

扁核木 Prinsepia utilis Royle

灌木，具枝刺，刺上生叶。叶片长圆形或卵状披针形，长 3.5～9cm，宽 1.5～3cm，先端急尖，基部宽楔形，全缘或有浅锯齿。花多数，花瓣白色。核果长圆形或倒卵状长圆形，紫褐色或黑紫色，被白粉。花期 4～5 月，果期 6～9 月。生于海拔 1000～2800m 的山坡、荒地、山谷或路旁等处。

云南臀果木 Pygeum henryi Dunn

乔木，小枝、叶两面、叶柄及花梗、苞片与花萼被锈褐色柔毛。叶片长圆状披针形，长 9～17cm，宽 4～7cm，先端短渐尖或急尖，基部宽楔形至圆形，全缘，基部常有 2 个腺体。总状花序单生或数个簇生，花被片 10～12 片。果实卵球形，长宽近等长。花期 8～9 月，果期 10 月至翌年春季。生于海拔 520～2000m 的山坡针阔混交林中或山谷疏林、密林下。

川梨 Pyrus pashia Buch.-Ham. ex D. Don

落叶乔木，常具枝刺。叶片卵形至长卵形，长 4～7cm，宽 2～5cm，先端渐尖或急尖，基部圆形，稀宽楔形，边缘有钝锯齿，叶柄长 1.5～3cm。伞形总状花序，花瓣白色，雄蕊 25～30 枚。果实近球形，褐色，有斑点。花期 3～4 月，果期 8～9 月。生于海拔 2600m 以下的山谷斜坡、丛林中。

石斑木 Rhaphiolepis indica (L.) Lindl. ex Ker

常绿灌木。叶片卵形、长圆形，长 2～8cm，宽 1.5～4cm，先端圆钝、急尖、渐尖或长尾尖，基部渐狭连于叶柄，边缘具细钝锯齿，叶柄长 5～18mm。顶生圆锥花序或总状花序，花瓣 5 片，白色或淡红色，雄蕊 15 枚。果实球形，紫黑色。花期 4 月，果期 7～8 月。生于海拔 1100～2000m 的山谷斜坡、疏林中。

大花香水月季 *Rosa odorata* (Andr.) Sweet var. *gigantea* (Crep.) Rehd. et Wils.

常绿攀缘灌木。羽状复叶，小叶5～9枚，椭圆形、卵形或长圆卵形，长2～7cm，宽1.5～3cm，先端急尖或渐尖，边缘有紧贴的锐锯齿，托叶大部贴生于叶柄，总叶柄和小叶柄有稀疏小皮刺和腺毛。花为单瓣，乳白色，直径8～10cm，芳香。果实呈压扁的球形。花期6～9月，果期翌年5～7月。生于海拔800～2600m的山坡林缘或灌丛中。

山莓 *Rubus corchorifolius* L. f.

灌木。小枝幼时被细短柔毛，具皮刺。单叶，叶片卵形至卵状披针形，长4～10cm，宽2.5～5cm，先端渐尖，基部微心形，叶面沿中脉有细柔毛，边缘不分裂或3裂，具不规则锐锯齿，基部三出脉。花常单生，花萼外密被细短柔毛，花瓣白色。果实红色，近球形或卵球形，密被细短柔毛。花期2～4月，果期4～6月。生于海拔1500～2600m的山坡、路边疏林中、溪边、山谷和荒野灌木丛中。

栽秧泡 *Rubus ellipticus* Smith var. *obcordatus* (Franch.) Focke

灌木。小叶3枚，倒卵形，顶生小叶比侧生者大得多，长2～5.5cm，宽1.5～5cm，顶端浅心形或近截形，基部圆形，背面密生绒毛，边缘具细锐锯齿。花数朵至十几朵，花梗和花萼外面几无刺毛，花瓣白色或浅红色。果实近球形，金黄色。花期3～4月，果期4～5月。生于海拔800～2000m的山谷疏林、路边或河边灌丛中。

大乌泡 *Rubus multibracteatus* Levl. et Vant.

灌木，茎及叶柄有柔毛和稀疏小皮刺。单叶近圆形，直径7～16cm，先端圆钝或急尖，基部心形，边缘掌状7～9浅裂，基部掌状五出脉，叶柄长3～6cm。总状花序，总花梗、花梗和花萼密被黄色或黄白色绢状长柔毛，花瓣白色。果实球形，红色。花期4～6月，果期8～9月。生于海拔350～2700m的山坡及沟谷林内或林缘，也见于灌丛中。

红毛悬钩子 *Rubus pinfaensis* Lévl. et Vant.

攀缘灌木。小枝密被红褐色刺毛及稀疏皮刺。羽状复叶，小叶3枚，椭圆形、卵形，长4～9cm，

宽 2 ～ 7cm，先端渐尖，基部圆形或宽楔形，叶
边缘有不整齐细锐锯齿，叶柄与叶轴均密被红褐
色刺毛。花数朵团聚呈束于叶腋中，花瓣白色。
果实球形，熟时金黄色或红黄色。花期 3 ～ 4 月，
果期 5 ～ 6 月。生于海拔 500 ～ 2200m 的山坡、
山脚或沟边灌木、杂木林内或林缘。

红毛悬钩子

红腺悬钩子 *Rubus sumatranus* Miq.

攀缘灌木，小枝、叶轴、叶柄、花梗和花序均被
紫红色腺毛、柔毛及皮刺。羽状复叶，小叶 5 ～ 7
枚，卵状披针形至披针形，长 3 ～ 8cm，宽 1.5 ～
3cm，顶端渐尖，基部圆形，边缘具尖锐锯齿。
花数朵，花瓣白色。果实长圆形，橘红色。花期 4 ～ 6
月，果期 7 ～ 8 月。生于海拔 700 ～ 2500m 的山
地、山谷疏林或密林、林缘、灌丛内及草丛中。

红腺悬钩子

含羞草科 Mimosaceae

猴耳环 *Abarema clypearia* (Jack) Kosterm.

常绿乔木，枝及叶柄密被绒毛。二回羽状复叶，
羽片 3 ～ 8 对，叶轴上及叶柄近基部处有腺体，
小叶斜菱形，长 1 ～ 7cm，宽 0.7 ～ 3cm，两面
稍被短柔毛，基部极不等。花数朵聚成小头状花
序，花冠白色或淡黄色。荚果旋卷，棕色，边缘
在种子间略有缢缩。花期 2 ～ 6 月，果期 4 ～ 8 月。
生于海拔 500 ～ 1600m 的山坡常绿阔叶林、疏林、
河边等处。

猴耳环

羽叶金合欢 *Acacia pennata* (L.) Willd.

多刺攀缘藤本，小枝和叶轴均被锈色短柔毛。二
回羽状复叶，总叶柄基部及叶轴上部羽片着生凸
起的腺体 1 个，羽片 8 ～ 22 对，小叶 30 ～ 54 对，
线形，长 5 ～ 10mm，宽 0.5 ～ 1.5mm，具缘毛。
头状花序圆球形，单生或 2 ～ 3 个聚生。果带状，
常紫色。花期 7 ～ 10 月，果期 11 月至翌年 2 月。
生于海拔 340 ～ 1300m 的山坡阳处灌丛、林缘。

羽叶金合欢

苏木科 Caesalpiniaceae

白花羊蹄甲 *Bauhinia acuminata* L.

乔木。叶片卵圆形，长 7 ～ 9cm，宽 9 ～ 11cm，
基部通常心形，先端 2 裂至叶长的 1/3，叶面无
毛，背面被灰色短柔毛，基出脉 9 ～ 11 条，叶柄
长 2.5 ～ 3.5cm，被短柔毛。总状花序呈伞房花序

白花羊蹄甲

式，花瓣白色，有暗紫色斑纹。荚果线状倒披针形，先端有喙。花期 3 ～ 5 月，果期 5 ～ 8 月。生于海拔 150 ～ 1500m 的疏林或林缘。

金凤花

金凤花 Caesalpinia pulcherrima (L.) Sw.

灌木，散生疏刺。二回羽状复叶，羽片 4 ～ 8 对，对生，小叶片长圆状椭圆形，长 10 ～ 27mm，宽 7 ～ 14mm，顶端凹缺，有时具短尖头，基部偏斜。总状花序近伞房状，花瓣橙红色或黄色，不等大，花丝红色，伸出花冠长度达花冠长度的 2 ～ 3 倍。荚果倒披针状长圆形。花果期几乎全年，3 ～ 4 月盛花。云南省热区常见栽培，原产地可能是西印度群岛。

凤凰木 Delonix regia (Boj.) Raf.

落叶乔木。二回偶数羽状复叶，具托叶，羽片对生，15 ～ 20 对，小叶片长圆形，长 8 ～ 10mm，宽 3 ～ 4mm，两面被绢毛，先端钝，基部偏斜，全缘。伞房状总状花序，花鲜红至橙红色，花瓣红色，具黄及白色花斑。荚果带形。花期 4 ～ 5 月，果期 8 ～ 10 月。原产马达加斯加，在海拔 1500m 以下河谷坝区常见栽培。

凤凰木

蝶形花科 Fabaceae

绒毛叶杭子梢 Campylotropis pinetorum (Kurz) Schindl. subsp. velutina (Dunn) Ohashi

灌木，植株密被绒毛。羽状三出复叶，叶柄长 3 ～ 5cm，顶生小叶片长椭圆形或长圆形，长 7 ～ 12cm，宽 3.2 ～ 5cm，先端圆形或微凹，基部狭圆形，侧生小叶稍小。总状花序腋生或组成圆锥花序顶生，花密集，花冠带淡红色或近白色或带淡绿黄色。荚果椭圆形或长圆状椭圆形。花果期 12 月至翌年 4 月。生于海拔 700 ～ 2000m 的山坡草地、路边、灌丛、林缘及林下。

绒毛叶杭子梢

舞草 Codariocalyx motorius (Houtt.) Ohashi

小灌木。三出复叶，侧生小叶很小或缺而仅具单小叶，顶生小叶片长椭圆形或披针形，长 3 ～ 12cm，宽 1 ～ 4cm，先端圆形或急尖，有细尖，基部钝或圆，背面被贴伏短柔毛。总状花序顶生，花冠紫红色。荚果条形，腹缝线直，背缝线稍缢缩。花期 7 ～ 9 月，果期 10 ～ 11 月。生于海拔 130 ～ 2000m 的丘陵山坡或山沟灌丛中。

舞草

巴豆藤 Craspedolobium schochii Harms

攀缘灌木。羽状三出复叶，小叶片倒阔卵形至宽椭圆形，长 5～9cm，宽 3～6cm，先端钝圆，基部阔楔形，两面被平伏细毛。总状花序着生枝端叶腋，花萼与花梗、苞片均被黄色细绢毛，花冠紫红色，花瓣近等长。荚果线形，顶端具短尖喙。花期 6～9 月，果期 9～10 月。生于海拔 2000m 以下的土壤湿润的疏林下和路旁灌木林中。

巴豆藤

假地蓝 Crotalaria ferruginea Grah. ex Benth.

草本，茎枝、叶、叶柄、托叶、苞片及花萼均被黄色丝质长柔毛。单叶，叶片椭圆形，长 1.5～8cm，宽 0.5～3.5cm，先端钝或渐尖，基部略楔形，侧脉隐见。总状花序顶生或腋生，有花 2～6 朵，花萼二唇形，花冠黄色，与花萼近等长。荚果长圆形，无毛。花果期 6～12 月。生于海拔 280～2200m 的山坡疏林及荒山草地。

假地蓝

薄叶猪屎豆 Crotalaria peguana Benth. ex Baker

直立草本，茎枝被短柔毛。单叶，叶片长椭圆形，长 6～10cm，宽 2～3.5cm，两端渐尖，叶面近无毛，背面被丝质短柔毛。总状花序长达 20cm，苞片线形，花冠黄色，具紫色纵纹，与花萼近等长。荚果长圆形，无毛。花果期 6～12 月。生于海拔 900～1360m 湿润的林中。

薄叶猪屎豆

野百合 Crotalaria sessiliflora L.

直立草本，枝被长柔毛。叶片通常为线形或线状披针形，长 4～12cm，宽 0.5～1.9cm，叶面近无毛，背面密被丝质短柔毛。花多数组成总状花序，花萼二唇形，深裂几达基部，花冠蓝色或紫蓝色，不超出花萼。荚果短圆柱形，顶端有钩状果喙，无毛。花期 8～9 月，果期 10～12 月。生于海拔 700～1600m 湿润的河边，以及干燥开旷的路边草坡、灌丛及栎林下。

缅甸黄檀 Dalbergia burmanica Prain

乔木。小枝密被锈色丝质短柔毛，羽状复叶，小叶 4～6 对，长圆形，长 4～6cm，宽 1.5～2cm，先端钝、圆或微缺，基部圆形，初时两面被锈色丝质柔毛。花序密被锈色短柔毛，花冠紫色或白色。荚果舌状长圆形。花期 4 月，果期 5 月。生于海拔 650～1700m 的山地或阔叶林中。

野百合

缅甸黄檀

黑黄檀 *Dalbergia fusca* Pierre
乔木。羽状复叶，小叶5～6对，卵形或椭圆形，长2～4cm，宽1.2～2cm，先端圆或凹缺，具凸尖，基部钝或圆，叶面无毛，背面被伏贴柔毛。圆锥花序，花冠白色，花瓣具长柄。荚果长圆形至带状，两端钝。花期4～6月，果期7～9月。生于海拔900～1500m的林中。

黑黄檀

象鼻藤 *Dalbergia mimosoides* Franch.
木质藤本。羽状复叶，叶轴、叶柄和小叶柄初时密被柔毛，小叶10～17对，线状长圆形，长6～12mm，宽5～6mm，先端截形、钝或凹缺，基部圆或阔楔形。圆锥花序，总花梗、花序轴、分枝与花梗均被柔毛，花冠白色或淡黄色。荚果无毛，长圆形至带状。花期4～5月，果期6～9月。生于海拔940～2200m的林中、灌丛或河边。

象鼻藤

秧青 *Dalbergia assamica* Benth.
乔木。羽状复叶，小叶6～10对，长圆形或长圆状椭圆形，长3～5cm，宽1.5～2.5cm，先端钝或凹入，基部圆形或楔形，两面疏被伏贴短柔毛。圆锥花序腋生，花冠白色，内面有紫色条纹。荚果阔舌状，长圆形至带状。花期3～5月，果期6～11月。生于海拔650～1700m山地疏林、河边或村旁旷野。

秧青

假木豆 *Dendrolobium triangulare* (Retz.) Schindl.
灌木。羽状三出复叶，顶生小叶倒卵状长椭圆形或椭圆形，长7～15cm，宽3～6cm，叶面无毛，背面及小叶柄被长丝状毛。伞形花序有花20～30朵，花冠白色或淡黄色。荚果稍弯曲，被贴伏丝状毛，有荚节2～4。花期8～10月，果期10～12月。生于海拔700～1600m的林缘、路边及荒地草丛。

边荚鱼藤 *Derris marginata* (Roxb.) Benth.
攀缘状灌木，除花萼、子房被疏柔毛外全株无毛。羽状复叶，小叶2～3对，倒卵状椭圆形或倒卵形，长5～15cm，宽2.5～6cm，先端短渐尖，钝头，基部圆形。圆锥花序，花冠白色或淡红色。荚果薄，舌状长椭圆形。花期4～5月，果期11月至翌年1月。生于山地疏林或密林中。

假木豆　　边荚鱼藤

假地豆 Desmodium heterocarpon (L.) DC.

灌木。羽状三出复叶，顶生小叶片椭圆形、长椭圆形或宽倒卵形，长 2.5 ～ 3cm，宽 1.3 ～ 2.5cm，侧生小叶通常较小。花极密，花冠紫红色、紫色或白色。荚果密集，狭长圆形。花期 7 ～ 10 月，果期 10 ～ 11 月。生于海拔 230 ～ 1900m 的山坡草地、水旁、灌丛或林中。

滇南山蚂蝗 Desmodium megaphyllum Zoll.

灌木。叶为三出复叶，被柔毛，小叶片卵形或宽卵形，先端渐尖，基部宽楔形或圆形，叶面被小柔毛，背面密被丝状毛，全缘至浅圆齿状，顶生小叶长 8 ～ 15cm，宽 6 ～ 9cm。总状花序组成圆锥花序，花萼红色，钟形，花冠紫色。荚果扁平，具 6 ～ 8 节，具小钩状毛。花果期 6 ～ 11 月。生于海拔 600 ～ 2400m 的草地、山坡灌丛及疏林或密林中。

小叶三点金 Desmodium microphyllum (Thunb.) DC.

多年生草本。羽状三出复叶，较大的小叶片为倒卵状长椭圆形或长椭圆形，长 3 ～ 10cm，宽 2 ～ 6cm，较小的为倒卵形或椭圆形，先端圆形，基部宽楔形或圆形。总状花序，花冠粉红色或蓝紫色。荚果腹、背两缝线浅齿状。花期 5 ～ 9 月，果期 9 ～ 11 月。生于海拔 330 ～ 2800m 的荒地草丛、灌丛、阔叶林及针叶林中。

肾叶山蚂蝗 Desmodium renifollum (L.) Schindl.

亚灌木。叶具单小叶，肾形或扁菱形，通常宽大于长，长 1.5 ～ 3cm，宽 2.5 ～ 5cm，两端截形或先端微凹，两面无毛。圆锥花序顶生或总状花序腋生，花冠白色至淡黄色或紫色。荚果狭长圆形，具 2 ～ 5 节。花果期 11 月。生于海拔 800 ～ 1200m 的阴湿路边、山坡灌丛、湿润疏林及竹林中。

长波叶山蚂蝗 Desmodium sequax Wall.

灌木，幼枝和叶柄被锈色柔毛。羽状三出复叶，小叶片卵状椭圆形或圆菱形，长 4 ～ 10cm，宽 4 ～ 6cm，边缘自中部以上呈波状，背面被贴伏柔毛并混有小钩状毛。总状花序顶生和腋生，花 2 朵，花冠紫色。荚果呈念珠状，密被开展褐色小钩状毛。花期 7 ～ 9 月，果期 9 ～ 11 月。生于海拔 320 ～ 2800m 山地草坡或林缘。

长苞绒毛山蚂蟥 *Desmodium velutinum* (Willd.) DC. var. *longibracteatum* (Schindl.) H. Ohashi
灌木。单小叶，卵状椭圆形、卵形或宽卵形，长4～11cm，宽3～8cm，先端长圆钝或渐尖，基部圆钝，两面及叶柄密被开展黄色绒毛。圆锥花序顶生，长达20cm，花冠紫色或粉红色，苞片狭披针形，长7～10mm，密被硬毛。荚果狭长圆形。花果期9～11月。生于海拔590～1400m的草坡灌丛或疏林中。

单叶拿身草 *Desmodium zonatum* Miq.
灌木。叶具单小叶，叶柄被开展小钩状毛和散生贴伏毛，小叶片椭圆形或卵状椭圆形，长5～12cm，宽2～5cm，先端渐尖或急尖，基部宽楔形至圆形，叶面无毛，背面密被黄褐色柔毛。总状花序，花冠白色或粉红色。荚果线形，密被黄色小钩状毛。花期7～8月，果期8～9月。生于海拔800～1300m的山地密林中或林缘。

劲直刺桐 *Erythrina strica* Roxb.
落叶乔木，小枝具皮刺。羽状三出复叶，顶生小叶片宽三角形或近菱形，长宽均为7～12cm，先端尖，基部截形或近心形，全缘，两面无毛，侧脉5～6对。总状花序长，花3朵一束，鲜红色，多数。荚果光滑。花期3月，果期8月。生于海拔200～1400m的河边疏林中。

云南千斤拔 *Flemingia wallichii* Wight et Arn.
灌木。叶指状3小叶，叶柄长3～7cm，常无翅，被绒毛，顶生小叶片倒卵形或椭圆形，长7～14cm，宽3～4cm，先端短渐尖，基部楔形，基出脉三条。总状花序，花序轴被毛，花萼与花梗密被丝质毛，花冠黄白色，稍伸出花萼外。荚果斜椭圆形，密被绒毛及黑褐色腺点，先端具小喙。花果期2～4月。生于海拔1000～1900m的山坡、路旁或林下。

小叶干花豆 *Fordia microphylla* Dunn ex Z. Wei
灌木。羽状复叶，小叶8～10对，卵状披针形，中部叶较大，长2.5～6cm，宽约1.5cm，先端渐尖，基部楔形或圆钝，两面被平伏细毛。总状花序，花冠红色至紫色。荚果棍棒状，扁平，无毛。花期4～6月，果期7～9月。生于海拔800～2000m的山谷岩石坡地或灌林中。

茸毛木蓝 *Indigofera stachyodes* Lindl.

灌木，茎、叶、花序及果密生棕色或黄褐色长柔毛。
羽状复叶，小叶 15 ～ 20 对，长圆状披针形，顶
生小叶倒卵状长圆形，长 1.2 ～ 2cm，宽 4 ～ 9mm，
先端圆钝或急尖，基部楔形或圆形。总状花序，
花冠深红色或紫红色。荚果圆柱形。花期 4 ～ 7 月，
果期 8 ～ 11 月。生于海拔 700 ～ 2400m 的山坡
阳处或灌丛中。

截叶铁扫帚 *Lespedeza cuneata* G. Don

灌木，茎被毛。叶密集，小叶片楔形或线状楔形，
长 1 ～ 3cm，宽 2 ～ 7mm，先端截形，具小刺尖，
叶面近无毛，背面密被伏毛。总状花序，花冠淡
黄色或白色，旗瓣基部有紫斑。荚果宽卵形或近
球形，被伏毛。花期 7 ～ 8 月，果期 9 ～ 10 月。
生于海拔 2500m 以下的山坡路旁。

滇缅崖豆藤 *Millettia dorwardi* Coll. et Hemsl.

大型藤本。羽状复叶，小叶 1 ～ 2 对，阔卵形至
椭圆形，顶生小叶甚大，长 6 ～ 15cm，宽 2.5 ～ 6cm，
先端短锐尖，基部阔楔形至圆形，叶面无毛或除
叶脉外无毛，背面被淡黄色至白色披散柔毛。圆
锥花序，花冠淡紫色至深紫色。荚果长圆形，密
被灰色绒毛，种子处膨胀，种子间缢缩。花期 2 ～
7 月，果期 8 ～ 12 月。生于海拔 1120m 的山坡次
生常绿林中。

思茅崖豆 *Millettia leptobotrya* Kurz

乔木。羽状复叶，小叶 3 ～ 4 对，长圆状披针形，
长 12 ～ 25cm，宽 5 ～ 8cm，两面无毛，侧脉
11 ～ 13 对。总状圆锥花序腋生，狭长，花冠白色，
各瓣近等长，旗瓣中央黄绿色。荚果线状长圆形，
顶端喙尖。花期 4 月，果期 5 ～ 8 月。生于海拔
500 ～ 1600m 的山坡疏林或常绿阔叶林中。

大果油麻藤 *Mucuna macrocarpa* Wall.

大型木质藤本。羽状复叶 3 小叶，顶生小叶片卵
状椭圆形或稍倒卵形，长 10 ～ 19cm，宽 5 ～ 10cm，
先端常具短尖头，基部近圆形，叶面无毛或被短
毛。花序通常生在老茎上，花萼宽杯状，密被毛，
花冠暗紫色。果带形，近念珠状，密被直立红褐
色细短毛。花期 4 ～ 5 月，果期 6 ～ 7 月。生于
海拔 1150 ～ 2200m 的潮湿沟底、路边阳处灌丛中。

排钱树 *Phyllodium pulchellum* (L.) Desv.
灌木，小枝被白色或灰色短柔毛。羽状复叶 3 小叶，顶生小叶片卵形、椭圆形或倒卵形，长 6 ～ 13cm，宽 2.5 ～ 4.5cm，侧生小叶约比顶生小叶小一半，叶面近无毛，背面疏被短柔毛。伞形花序藏于叶状苞片内，排列成总状圆锥花序，花冠白色或淡黄色。荚果腹、背两缝线均稍缢缩。花期 7 ～ 9 月，果期 10 ～ 11 月。生于海拔 530 ～ 2000m 的丘陵荒地、路旁或山坡疏林中。

排钱树

葛 *Pueraria lobata* (Willd.) Ohwi
粗壮藤本，全体被黄色长硬毛。羽状复叶 3 小叶，小叶 3 裂，顶生小叶片宽卵形或斜卵形，长 4 ～ 20cm，宽 4 ～ 18cm，叶面被淡黄色柔毛，背面及小叶柄被黄褐色绒毛。总状花序有密集的花，花冠紫色。荚果长椭圆形，被褐色长硬毛。花期 7 ～ 10 月，果期 9 ～ 12 月。生于海拔 120 ～ 2400m 的山地疏林或密林中。

葛

宿苞豆 *Shuteria involucrata* (Wall.) Wight et Arn.
草质缠绕藤本，密被白色长柔毛。羽状三出复叶，小叶宽卵形、卵形或近圆形，长 2.8 ～ 3.5cm，宽 2.3 ～ 3cm，叶柄长 2.5 ～ 4.5cm。总状花序腋生，花冠红色、紫色、淡紫色，旗瓣大。荚果线形，压扁。花期 11 月至翌年 3 月，果期 12 月至翌年 3 月。生于海拔 500 ～ 2300m 的干热河谷、山坡灌丛及常绿阔叶林下。

宿苞豆

光宿苞豆 *Shuteria involucrata* (Wall.) Wight et Arn. var. *glabrata* (Wight et Arn.) Ohashi
草质缠绕藤本。托叶披针形，三出复叶，顶生小叶片椭圆形至近菱形，长 1.5 ～ 4cm，小叶两面被柔毛。总状花序腋生，花序轴下部不具缩小的叶，花冠紫色至淡紫色。荚果线形，长 2.5 ～ 3.5cm。花期 11 月至翌年 1 月，果期 1 ～ 3 月。生于海拔 1000 ～ 2800m 的山坡疏林、草地和路旁。

光宿苞豆

华扁豆 *Sinodolichos lagopus* (Dunn) Verdc.
缠绕草本。茎及叶柄密被黄色短毛。羽状三出复叶，小叶片卵形或菱形，长 4 ～ 10cm，宽 2.5 ～ 7cm，两面被粗柔毛，先端渐尖，基部钝。总状花序腋生，花萼被粗柔毛，花冠紫色。荚果线形，被黄色粗长毛。花期 11 月，果期 12 月。生于海拔 1400m 的山地林中或灌丛中。

华扁豆

美丽密花豆 *Spatholobus pulcher* Dunn

攀缘藤本。羽状三出复叶，小叶顶生的倒卵形或宽椭圆形，长 3 ～ 13cm，宽 3 ～ 8.6cm，侧生的略小，两侧不对称，背面被锈色粗长毛。圆锥花序有密集成团的花，各部密被锈色粗长毛，花瓣白色。荚果镰形，翅宽大。全年开花，果期 3 ～ 12 月。生于海拔 700 ～ 1900m 的山地疏林沟谷或路旁。

葫芦茶 *Tadehagi triquetrum* (L.) Ohashi

灌木。单小叶，叶柄两侧有宽翅，小叶片狭披针形至卵状披针形，长 4.5 ～ 13cm，宽 1.1 ～ 5cm，先端急尖，基部圆形，叶面无毛，背面中脉或侧脉疏被短柔毛。总状花序，花 2 ～ 3 朵簇生于每节上，花冠淡紫色或蓝紫色。荚果长 2 ～ 5cm，全部密被糙伏毛。花期 6 ～ 10 月，果期 10 ～ 12 月。生于海拔 200 ～ 1400m 的河边荒地、山坡草地、灌丛及林中。

猪腰豆 *Whitfordiodendron filipes* (Dunn) Dunn

木质藤本。嫩茎折断时有红色液汁。羽状复叶，小叶 6 ～ 9 对，长圆形，长 6 ～ 10cm，宽 1.5 ～ 3.5cm，先端钝，渐尖至尾尖，基部圆钝，两侧不等大，全缘，小叶被毛。总状花序密被银灰色绒毛，花冠淡红色。荚果纺锤状长圆形，密被银灰色绒毛，种子猪肾状。花期 7 ～ 8 月，果期 9 ～ 11 月。生于海拔 1000 ～ 1500m 的疏林中。

杨柳科 Salicaceae

四子柳 *Salix tetrasperma* Roxb.

乔木。叶片卵状披针形或倒卵状披针形，长 6 ～ 16cm，宽 2 ～ 4.5cm，先端长渐尖或短渐尖，基部楔形或近圆形，边缘有锯齿。花与叶同时或于叶后开放，雄花序轴密被柔毛，雄蕊通常 5 ～ 9，花丝下部有柔毛。蒴果卵状球形，种子 4 粒。花期 2 ～ 3 月和 9 ～ 11 月，每年 2 次，果期 11 ～ 12 月。生于海拔 500 ～ 2400m 的沟谷、河边及林缘。

杨梅科 Myricaceae

毛杨梅 *Myrica esculenta* Buch.-Ham.

常绿乔木。小枝及芽密被毡毛。叶片长椭圆状倒卵形，长 5 ～ 18cm，宽 1.5 ～ 4cm，顶端钝圆至急尖，全缘或有时具锯齿，叶面近叶基处中脉及叶柄密生毡毛。核果椭圆状，成熟时红色，外表面具乳头状凸起。花期 9 ～ 10 月，果期翌年 3 ～ 4 月。生于海拔 1000 ～ 2500m 的杂木林内或干燥的山坡上。

桦木科 Betulaceae

尼泊尔桤木 *Alnus nepalensis* D. Don

落叶乔木。叶片椭圆形或倒卵状矩圆形，长 10 ～ 16cm，顶端骤尖或锐尖，基部楔形或宽楔形，边缘全缘或具疏细齿，背面密生腺点，脉腋间具簇生的髯毛，叶柄长 1.5 ～ 2.5cm。雄花序多数组成圆锥花序，下垂。果序长圆形，呈圆锥状排列。花期 9 ～ 10 月，果期 11 ～ 12 月。生于海拔 500 ～ 3600m 的湿润坡地或沟谷台地林中。

西桦 *Betula alnoides* Buch.-Ham. ex D. Don

落叶乔木。叶片长卵形或卵状披针形，长 8 ～ 12cm，宽 3 ～ 5cm，顶端渐尖至尾状渐尖，基部楔形、宽楔形或圆形，边缘具不规则重锯齿，叶面无毛，背面被长柔毛，脉腋间具髯毛，叶柄长 1.5 ～ 3cm。果序呈圆柱状，3 ～ 5 枚排列呈总状。一年内有 2 次花果期。生于海拔 500 ～ 2100m 的山坡杂木林中。

榛科 Corylaceae

短尾鹅耳枥 *Carpinus londoniana* H. Winkl.

乔木。叶片长椭圆形或椭圆形，长 8 ～ 10cm，宽 2.5 ～ 3cm，顶端尾状渐尖，基部楔形或钝楔形，边缘具不规则的重锯齿，叶面无毛，背面沿脉疏被长柔毛或无毛，脉腋间具髯毛。雄花序生于叶腋，雌花序生于枝顶。果苞内外侧基部均具明显的裂片或齿状裂片。花期 3 ～ 4 月，果期 8 ～ 9 月。生于海拔 300 ～ 1500m 的湿润山坡或山谷的杂木林中。

壳斗科 Fagaceae

枹丝锥 *Castanopsis calathiformis* (Skan) Rehd. et Wils.

常绿乔木。叶片长椭圆形或倒卵状椭圆形，长 15 ～ 25cm，宽 5 ～ 8cm，顶部急尖、短渐尖或

圆，基部沿叶柄下延，叶缘具波状齿，叶柄长1.5～2cm。果序长10～16cm，总苞杯状，包坚果的1/2，坚果卵形或长卵形。花期4～5月，果期10～12月。生于海拔800～2100m的山地常绿阔叶林或针阔混交林中。

瓦山锥 *Castanopsis ceratacantha* Rehd. et Wils.
常绿乔木。叶片披针形或长圆形，长9～16cm，宽2.5～5.5cm，顶部渐尖或尾尖，基部楔形或近圆形，边缘上部有1～5对钝锯齿，背面密生灰色鳞秕和短柔毛。雄花序穗状，总苞近球形，顶部破裂，连刺直径2～3cm，苞片中部以下结合成扁翅轴。花期5月，果熟期翌年8～10月。生于海拔1500～2500m的山地疏林或密林中。

短刺锥 *Castanopsis echidnocarpa* A. DC.
常绿乔木。叶片长椭圆形或卵状披针形，长7～11cm，宽2～4cm，顶端短尖或渐尖，基部楔形或圆形，边缘上部有锯齿，背面淡褐色，叶柄长1～1.2cm。果序长15～18cm，总苞近球形，连刺直径1～1.5cm，密被灰色绒毛，苞片为短刺形。花期2～3月，果熟期翌年10～11月。生于海拔1000～2300m的山坡、疏林中。

思茅锥 *Castanopsis ferox* (Roxb.) Spach
常绿乔木。叶片卵状披针形至披针形，长8～13cm，宽2～4.5cm，顶端长渐尖至短尖，基部偏斜，全缘，叶柄长0.5～1cm。总苞近球形，苞片针刺形，基部结合成刺轴，坚果单生。花期9～10月，果熟期翌年10～11月。生于海拔900～2100m的山谷密林中。

小果锥 *Castanopsis fleuryi* Hick. et A. Camus
常绿乔木。叶片椭圆形、披针形或卵形，长8～12cm，宽3.5～5cm，顶部渐尖，常弯向一侧，基部楔尖或近于圆，偏斜，全缘，背面绿色。花序及果序轴被灰黄色短柔毛，总苞不规则2～3瓣裂，苞片短刺形。花期3～4月，果熟期翌年10～11月。生于海拔1100～2300m的常绿阔叶林或针阔混交林中。

红锥 *Castanopsis hystrix* A. DC.
常绿乔木。叶片宽披针形或窄卵形，长6～12cm，

宽 2～3cm，顶端渐尖，基部宽楔形或近圆形，全缘或顶端有细钝齿，背面密被红褐色鳞秕和短柔毛。雄花序穗状。总苞近球形，连刺直径 2.5～4cm，通常基部合生成刺轴。坚果无毛。花期 3～5 月，果熟期翌年 9～11 月。常生于海拔 500～1600m 的湿润山谷疏林或密林中。

印度锥 *Castanopsis indica* (Roxb.) Miq.
常绿乔木，当年生枝、叶柄、叶背面及花序轴均被黄棕色短柔毛。叶片卵状椭圆形或椭圆形，长 8～20cm，宽 4～10cm，顶部渐尖，基部阔楔形或近圆形，背面被黄棕色短柔毛，叶缘常有粗锯齿。果序成熟时壳斗密集，壳斗圆球形，苞片针刺形，密生。花期 10～12 月，果熟期翌年 10～12 月。生于海拔 600～1100m 的沟谷疏林中。

滇青冈 *Cyclobalanopsis glaucoides* Schott.
常绿乔木。叶片长椭圆形或倒卵状披针形，长 5～12cm，宽 2～4.5cm，顶端渐尖或尾尖，基部楔形或近圆形，叶缘 1/3 以上有锯齿，叶柄长约 1.5cm。壳斗碗形，包着坚果的 1/3～1/2，外壁被灰黄色绒毛，小苞片合生成 6～8 条同心环带，坚果椭圆形至卵形。花期 4 月，果熟期 10 月。生于海拔 1100～3000m 的山地森林中。

毛叶青冈 *Cyclobalanopsis kerrii* (Craib) Hu
常绿乔木，小枝密生黄褐色绒毛。叶片长椭圆状披针形、长椭圆形或长倒披针形，长 9～18cm，宽 4～7cm，顶端圆钝或短渐尖，基部圆形或宽楔形，叶缘 1/3 以上有钝锯齿，叶柄长 1～4cm。壳斗盘形，包着坚果基部或达 1/2，具 6～8 条同心环带，坚果被绢质灰色短柔毛。花期 3～5 月，果期 8～10 月。生于海拔 100～1800m 的山地疏林中。

大果青冈 *Cyclobalanopsis rex* (Hemsl.) Schott.
常绿乔木，幼枝被黄色绒毛。叶片倒卵形至倒卵状椭圆形，长 15～27cm，宽 4～9cm，叶缘近顶部有疏浅锯齿，侧脉每边 18～22 条，幼时两面密被褐色绒毛，叶柄长 2～3cm，有褐色绒毛。壳斗浅盘形，内外壁均被黄褐色长绒毛，坚果扁球形，直径 4～5.5cm。花期 4～5 月，果期 10～11 月。生于海拔 1100～1800m 的沟谷密林中。

耳叶柯 *Lithocarpus grandifolius* (D. Don) Biswas

常绿乔木。叶片长椭圆形、长椭圆状披针形或倒卵状披针形，长 10～30cm，宽 9～12cm，顶端短尖或钝渐尖，基部楔形，有时呈耳形，全缘，叶柄长 5～25mm。果密集，壳斗盘形或碗形，坚果近球形或宽卵形，无毛。花期 9～10 月，果熟期翌年 10 月。生于海拔 600～2000m 的山地疏林及密林中。

泥柯 *Lithocarpus fenestratus* (Roxb.) Rehd.

常绿乔木。叶片窄椭圆形或卵状披针形，长 9～18cm，宽 2.5～4.5cm，顶端渐尖或骤尖，基部楔形或宽楔形，全缘，无毛，侧脉 13～16 对，叶柄 1～1.5cm。雄花序轴密被黄棕色绒毛。果密集，壳斗扁球形，包坚果 3/4 至全包，苞片三角形，贴生。花期 10 月，果熟期翌年 10 月。生于海拔 700～1500m 的湿润沟谷森林中。

密脉柯 *Lithocarpus fordianus* Chun

常绿乔木，幼枝密生灰黄色绒毛。叶片长椭圆状披针形或倒披针形，长 10～20cm，宽 2.5～5cm，顶端渐尖或短尾尖，基部楔形或近圆形，边缘中部以上有锯齿，叶面仅中脉被棕色绒毛，背面被黄灰色长绒毛，叶柄长 1～3cm。壳斗半球形，苞片呈脊状凸起，和壳斗合生，仅顶端分离，坚果半球形或陀螺形。花期 5～9 月，果翌年 8～10 月成熟。生于海拔 800～1500m 的山地森林中。

多穗石栎 *Lithocarpus polystachyus* (Wall.) Rehd.

乔木。叶片长椭圆形或倒卵状长椭圆形，长 9～12cm，宽 3～5cm，顶端渐尖或尾尖，基部楔形，全缘，背面有灰白色鳞秕，无毛，叶有甜味，叶柄长 1.5～2cm，无毛。雌花序常 2～3 个聚生于枝顶，3 朵雌花簇生。果序长达 20cm，果密集，壳斗盘形，包坚果基部。花期 5～10 月，果翌年同期成熟。生于海拔 1300～2300m 的常绿阔叶林或松栎林中。

截果柯 *Lithocarpus truncatus* Rehd. et Wils.

常绿乔木。叶片卵状或椭圆状披针形，长 10～20cm，宽 4～8cm，顶端渐尖，基部楔形，全缘，两面无毛，叶柄长 1～2cm。壳斗倒圆锥形或陀螺形，顶部截平，除直径 5～7mm 口部外全包

坚果，壳斗上部的苞片明显，下部的愈合成环状。坚果长圆形或近球形，有柔毛。花期 8～10 月，果期翌年 9 月。生于海拔 1200～2500m 的山地森林中。

麻栎 Quercus acutissima Carruth.
落叶乔木。叶片长椭圆状披针形，长 8～16cm，宽 3～4.5cm，顶端长渐尖，基部圆形或宽楔形，叶缘有刺芒状锯齿，两面无毛，叶柄长 2～3cm。壳斗碗形，包围坚果的 1/2，坚果卵形或椭圆形。花期 3～4 月，果熟期翌年 9～10 月。生于海拔 800～2300m 的山地阳坡。

大叶栎 Quercus griffithii Hook. f. et Thoms ex Miq.
落叶乔木。叶片倒卵形或倒卵状椭圆形，长 10～20cm，宽 4～10cm，顶端短渐尖或渐尖，基部圆形或窄楔形，叶缘具尖锯齿，背面密生灰白色星状毛，叶柄长 0.5～2cm，被灰褐色长绒毛。壳斗杯形，包着坚果的 1/3～1/2，苞片长卵状三角形，呈紧密覆瓦状排列。花期 3～4 月，果期 9～10 月。生于海拔 700～2800m 的森林中。

榆科 Ulmaceae

白颜树 Gironniera subaequalis Planch.
常绿乔木。叶片椭圆形或椭圆状矩圆形，长 10～25cm，宽 5～10cm，先端短尾状渐尖，基部近对称，圆形至宽楔形，近全缘，叶面无毛，背面疏生长糙伏毛，有 1 托叶痕。核果具短梗，阔卵状或阔椭圆状，被贴生的细糙毛，熟时橘红色。花期 2～4 月，果期 7～11 月。生于海拔 800m 以下的山谷、溪边湿润林中。

桑科 Moraceae

波罗蜜 Artocarpus heterophyllus Lam.
常绿乔木，老树常有板根，托叶环明显。叶片倒卵状椭圆形，长 7～15cm，宽 3～7cm，先端钝或渐尖，基部楔形，全缘，叶面无毛。聚合果圆柱状或近球形，或为不规则形状，长 30～100cm，直径 25～50cm，黄褐色，表面有瘤状凸起和粗毛。花期 2～3 月，果期 4～8 月。生于海拔 120～1300m 的热区，多为栽培，原产热带亚洲。

波罗蜜

野波罗蜜 *Artocarpus lakoocha* Roxburgh

落叶乔木，小枝密被锈褐色或黄红色长毛。叶片椭圆形、长椭圆形或卵形，长 13～37cm，宽 6～21cm，先端短渐尖，基部宽楔形或圆形，全缘或疏生浅锯齿，背面密被锈色或灰色柔毛，叶柄长 1.5～4.5cm。花序单生叶腋。聚合果近球形，鲜时黄色，有多数宿存苞片。花果期 2～7 月。生于海拔 1000～1500m 的沟谷密林中。

构树 *Broussonetia papyrifera* (L.) L'Hér. ex Vent.

落叶乔木。叶螺旋状排列，广卵形至长椭圆状卵形，长 6～18cm，宽 5～9cm，先端渐尖，基部心形，边缘具粗锯齿，不分裂或 3～5 裂，表面粗糙，疏生糙毛，背面密被绒毛，基生叶脉三出，叶柄长 2.5～8cm。雄花序为柔荑花序，雌花序球形头状。聚花果成熟时橙红色，肉质。花期 4～5 月，果期 6～7 月。各地均有野生。

构棘 *Cudrania cochinchinensis* (Lour.) Nakai

攀缘藤本灌木，刺直或弯。叶片椭圆状长圆形或披针形，长 3～8cm，宽 2～3.5cm，全缘，先端钝或短渐尖，基部狭楔形，两面无毛，侧脉 7～10 条，叶柄长 1cm。雌雄异株，总花梗长约 1cm。聚合果肉质，成熟时橙红色。花期 4～5 月，果期 6～7 月。生于海拔 200～1200m 阳光充足的山地或林缘。

石榕树 *Ficus abolii* Miq.

灌木，小枝、叶柄密生灰白色粗短毛。叶纸质，窄椭圆形至倒披针形，长 4～9cm，宽 1～2cm，全缘，叶面散生短粗毛，背面密生短硬毛和柔毛，侧脉 7～9 对。榕果单生叶腋，近梨形。花期 5～7 月，果期 8～10 月。生于海拔 1320m 的溪边或灌丛中。

高山榕 *Ficus altissima* Bl.

乔木。叶片广卵形至广卵状椭圆形，长 10～19cm，宽 8～11cm，先端钝，急尖，基部宽楔形，全缘，两面无毛，叶柄长 2～5cm，托叶长 2～3cm，外面被灰色绢丝状毛。榕果成对腋生，椭圆状卵圆形，成熟时红色或带黄色。花期 3～4 月，果期 5～7 月。生于海拔 100～2000m 的林中或林缘。

大果榕 *Ficus auriculata* Lour.

乔木，嫩枝红褐色。叶片广卵状心形，长 15 ～ 55cm，宽 15 ～ 27cm，先端钝，具短尖，基部心形，边缘具整齐细锯齿，叶面无毛，背面短柔毛，基生侧脉 5 ～ 7 条，叶柄长 5 ～ 8cm，托叶紫红色。榕果簇生于树干基部或老茎短枝上，大而呈梨形或扁球形至陀螺形，红褐色。花期 8 月至翌年 3 月，果期 5 ～ 8 月。生于海拔 130 ～ 1700m 的热带、亚热带沟谷林中。

沙坝榕 *Ficus chapaensis* Gagnep.

乔木。叶片卵状椭圆形或椭圆形，长 5 ～ 13cm，宽 2 ～ 6cm，先端钝渐尖，基部钝或宽楔形，全缘，叶面密被贴伏短糙毛，背面密生灰色或褐色短毛，基生侧脉 3 ～ 5 条，叶柄长 1 ～ 3cm，密生褐色短粗毛。榕果球形，成熟时淡红褐色。花果期秋季。生于海拔 1300 ～ 2100m 的路边、沟谷林中。

歪叶榕 *Ficus cyrtophylla* Wall. ex Miq.

乔木，小枝、叶柄、榕果密被短硬毛。叶排为 2 列，两侧极不对称，长圆形至长圆状倒卵形，长 9 ～ 15cm，宽 5 ～ 8cm，先端渐尖或尾尖，基部歪斜，基生侧脉短，背面密被褐色短硬毛，叶柄长 1 ～ 1.4cm。榕果成对或簇生叶腋，卵圆形，基部收缢成柄，成熟时橙黄色，表面密生短硬毛。花期 5 ～ 6 月，果期 7 ～ 10 月。生于海拔 700 ～ 1600m 的山地疏林中。

毛果枕果榕 *Ficus drupacea* Thunb. var. *pubescens* (Roth) Corner

乔木。叶初期密被黄褐色长柔毛，后渐脱落，倒卵状椭圆形，长 12 ～ 15cm，宽 5 ～ 8cm，全缘或微波状，叶面无毛，背面密被黄褐色丛卷毛，基出脉 3 ～ 5 条，叶柄粗壮，长 2 ～ 2.5cm。榕果成对腋生，圆锥状椭圆形，密被褐黄色长柔毛，成熟时橙红至鲜红色。花期初夏，果期 7 ～ 9 月。生于海拔 160 ～ 1500m 的山地林中。

黄毛榕 *Ficus esquiroliana* Lévl.

乔木，幼枝被褐黄色硬长毛。叶片广卵形，长 17 ～ 27cm，宽 12 ～ 20cm，先端急尖，具长约 1cm 尖尾，基部浅心形，叶面疏生贴伏长糙毛，背面密被黄褐色开展长毛，基生侧脉每边 3 条，

边缘有细锯齿，叶柄长 5 ～ 11cm。榕果圆锥状椭圆形，表面疏被或密生浅褐长毛。花期 5 ～ 7 月，果期 6 ～ 7 月。生于海拔 500 ～ 1850m 的密林中。

水同木 Ficus fistulosa Reinw. ex Bl.

常绿乔木。叶片倒卵形至长圆形，长 10 ～ 25cm，宽 4 ～ 7cm，先端具短尖，基部斜楔形或圆形，全缘或微波状，叶面无毛，背面微被柔毛或黄色小突起，侧脉 6 ～ 9 对，叶柄长 1 ～ 4cm。榕果簇生于老干发出的瘤状枝上，近梨形，成熟时橘红色。花期 5 ～ 7 月，果期 8 ～ 10 月。生于海拔 350 ～ 1200m 的溪边岩石上或林中。

粗叶榕 Ficus hirta Vahl

灌木，小枝、叶和榕果均被金黄色开展的长硬毛。叶多形，长椭圆状披针形或广卵形，长 10 ～ 25cm，宽 4 ～ 10cm，边缘具细锯齿，有时全缘或 3 ～ 5 深裂，先端急尖或渐尖，基部圆形，两面具毛，基生脉 3 ～ 5 条，叶柄长 2 ～ 8cm。榕果球形或椭圆球形，红色，被柔毛。花期 3 ～ 10 月。生于海拔 540 ～ 1520m 的村寨附近旷地或山坡林边，或附生于其他树干。

对叶榕 Ficus hispida L.

乔木，被糙毛。叶通常对生，卵状长椭圆形或倒卵状矩圆形，长 10 ～ 25cm，宽 5 ～ 10cm，全缘或有钝齿，顶端急尖或短尖，基部圆形或近楔形，叶面被短粗毛，背面被灰色粗糙毛，叶柄长 1 ～ 4cm。榕果腋生或生于落叶枝上，陀螺形，成熟时黄色。花果期 6 ～ 10 月。生于海拔 120 ～ 1600m 的沟谷潮湿地带。

光叶榕 Ficus laevis Bl.

攀缘藤状灌木或附生，通常光滑无毛。叶片圆形至宽卵形，长 10 ～ 20cm，宽 8 ～ 15cm，先端钝或具短尖，基部圆形至浅心形，全缘，叶柄长 3.5 ～ 7cm。榕果单生或成对腋生，球形，幼时绿色，成熟时紫色。花果期 4 ～ 6 月。生于海拔 500 ～ 1500m 的山地林中或沟谷雨林中。

苹果榕 Ficus oligodon Miq.

小乔木。叶片倒卵状椭圆形，长 10 ～ 25cm，宽

6～15cm，先端渐尖至急尖，基部浅心形至宽楔形，边缘在 1/3 以上具数对不规则锯齿，叶面无毛，背面密生点状钟乳体，基生叶脉三出，叶柄长 4～6cm。榕果簇生于老茎发出的无叶短枝上，梨形，表面有 4～6 条纵棱和瘤体，略被柔毛，幼时有红晕，成熟时深红色。花期秋季，果期翌年 4～7 月。生于海拔 710～1500m 的山谷、沟边。

聚果榕 *Ficus racemosa* L.
乔木。叶片椭圆状倒卵形至椭圆形或长椭圆形，长 10～14cm，宽 3.5～4.5cm，先端渐尖或钝尖，基部楔形或钝形，全缘，叶面无毛，基生叶脉三出，叶柄长 2～3cm。榕果聚生于老茎瘤状短枝上，梨形，成熟时橙红色。花期 5～7 月，果期秋季。生于海拔 500～1200m 的河畔、溪边。

珍珠莲 *Ficus sarmentosa* Buch.-Ham. ex J. E. Sm. var. *henryi* (King ex Oliv.) Corner
藤状灌木。叶片卵形至长椭圆形，长 8～12cm，宽 3～5cm，先端急尖至渐尖，基部圆形或宽楔形，全缘，侧脉 7～9 对，叶柄长约 1cm。榕果单生叶腋，球形或近球形，成熟时紫黑色，光滑无毛。花期 5～7 月，果期 8～10 月。生于海拔 1800～2500m 的阔叶林下或灌木及岩石缝中。

鸡嗉子榕 *Ficus semicordata* Buch.-Ham. ex J. E. Sm.
乔木。叶 2 列，长圆状披针形，长 18～28cm，宽 9～11cm，先端渐尖，基部偏心形，一侧耳状，边缘有细锯齿或全缘，叶面脉上被硬毛，背面密生短硬毛和黄褐色小突点，叶柄长 5～10cm。榕果生于老茎发出的无叶小枝上，球形，成熟时紫红色。花期 5～10 月，果期 9～12 月。生于海拔 600～1600m 的路旁或林缘。

地果 *Ficus tikoua* Bur.
匍匐木质藤本，节膨大。叶片倒卵状椭圆形，先端急尖，长 2～8cm，宽 1.5～4cm，基部圆形至浅心形，边缘具波状疏浅圆锯齿，基生侧脉较短，叶柄长 1～2cm。榕果常埋于土中，球形至卵球形，成熟时红色。花期 5～7 月，果期 7～8 月。生于海拔 500～2650m 的山坡或岩石缝中。

斜叶榕 *Ficus tinctoria* Forst. f. subsp. *gibbosa* (Bl.) Corner

乔木或附生。叶变异很大，卵状椭圆形或近菱形，长不超过 13cm，宽不超过 5cm，两侧极不相等，在同一树上有全缘的也有具角棱和角齿的，叶柄长 5～8mm。榕果椭圆形，具龙骨，表面有瘤体。花果期 6～7 月。生于海拔 800～1500m 的山地或村寨附近。

荨麻科 Urticaceae

序叶苎麻 *Boehmeria clidemioides* Miq. var. *diffusa* (Wedd.) Hand.-Mazz.

亚灌木。叶互生或茎下部叶对生，卵形、狭卵形或长圆形，顶端长渐尖，长 3～13cm，宽 2～6cm，基部稍偏斜，边缘有锯齿，两面有短伏毛，基出脉 3 条，叶柄长 0.5～6.5cm。雌雄异株，团伞花序排列成顶端具叶的穗状花序。花期 6～8 月，果期 9～11 月。生于海拔 1300～2800m 的丘陵或低山山谷林中、林边、灌丛中、草坡或溪边。

细序苎麻 *Boehmeria hamiltoniana* Wedd.

灌木。叶对生，叶片狭卵形或长圆形，长 6～11cm，宽 1.2～2.5cm，边缘有不明显小浅钝齿，叶面散生短伏毛，背面沿脉疏被短柔毛，基出脉 3 条，侧脉约 2 对，叶柄长 0.5～1.8cm。雌团伞花序排列成穗状花序，长 9～18cm。花期 5 月，果期 11 月。生于海拔约 700m 的河边湿地。

长叶苎麻 *Boehmeria penduliflora* Wedd. ex Long

灌木，小枝密被短伏毛。叶片披针形或条状披针形，长 8～25cm，宽 2～4.8cm，边缘有小钝牙齿，叶面粗糙，背面有短毛，叶柄长 1～3cm。雌雄异株，雄团伞花序排列呈穗状花序，雌团伞花序彼此邻接，排列成长达 20～35cm 的穗状花序。花期 8～9 月，果期 10～11 月。生于海拔 500～2000m 的丘陵及山谷林中、灌丛中、林边或溪边。

长叶水麻 *Debregeasia longifolia* (Burm. f.) Wedd.

小乔木。小枝密被微粗毛，叶片长圆状或倒卵状披针形，长 9～20cm，宽 2～5cm，边缘具细牙齿，叶面被糙毛，背面被灰白色的短毡毛，基出脉 3 条，叶柄长 1～4cm。雌雄异株，花序生于

当年生枝和老枝叶腋，二至四回二歧分枝。瘦果
葫芦状。花期 5 ～ 8 月，果期 8 ～ 12 月。生于海
拔 800 ～ 2100m 的河谷、溪边或林缘潮湿地。

水麻 *Debregeasia orientalis* C. J. Chen

灌木。叶片长圆状狭披针形或条状披针形，长
5 ～ 18cm，宽 1 ～ 2.5cm，先端渐尖或短渐尖，
基部圆形或宽楔形，边缘有锯齿，叶面疏生短糙
毛，背面被毡毛，基出脉 3 条，叶柄长 0.3 ～ 1cm。
花序呈球状团伞花簇，二回二歧分枝。瘦果小浆
果状，鲜时橙黄色。花期 3 ～ 4 月，果期 5 ～ 7 月。
常生于海拔 600 ～ 3200m 的溪谷阴湿处。

狭叶楼梯草 *Elatostema lineolatum* Wight var. *majus* Thwait.

半灌木。叶互生，无柄或近无柄，斜狭倒卵形
或狭椭圆形，长 4 ～ 11cm，宽 1.5 ～ 4cm，先
端长渐尖，基部狭侧楔形，宽侧钝形至近圆形，
叶面无毛，背面仅沿中脉、侧脉及小脉密生紧贴
的短柔毛。雌雄同株或异株，花序单生叶腋，无
梗。花期 4 ～ 5 月，果期 6 月。生于海拔 300 ～
1900m 的林下、河谷、沟边等处。

迭叶楼梯草 *Elatostema salvinioides* W. T. Wang

多年生草本。中部及上部有多数叶，叶 2 列，互
相覆压，叶片草质，斜长圆形或狭椭圆形，长
10 ～ 14mm，宽 4 ～ 6mm，顶端钝或圆形，基部
斜心形。雌雄异株。幼果椭圆球形。花果期 5 月。
生于海拔 720 ～ 800m 的山谷林下石上。

大蝎子草 *Girardinia diversifolia* (Link) Friis

多年生高大草本，茎及叶生刺毛和细糙毛或伸展
的柔毛。叶片轮廓宽卵形、扁圆形或五角形，长
宽 8 ～ 25cm，基部宽心形或近截形，具 5 ～ 7 深
裂片，边缘有牙齿或重牙齿，基生脉 3 条。花多
次二叉分枝排成总状或近圆锥状。花期 9 ～ 10 月，
果期 10 ～ 11 月。生于海拔 900 ～ 2800m 的山谷、
溪旁、山地林边或疏林下。

糯米团 *Gonostegia hirta* (Bl.) Miq.

多年生草本。叶对生，宽披针形，长 2 ～ 8cm，
宽 1.2 ～ 2.8cm，顶端长渐尖至短渐尖，基部浅心
形或圆形，全缘，基出脉 3 ～ 5 条。团伞花序腋生，

长叶水麻

水麻

狭叶楼梯草

迭叶楼梯草

大蝎子草

雌雄异株。瘦果卵球形。花期5～9月，果期8～11月。生于海拔1300～2900m的山地灌丛或沟边。

糯米团

滇南赤车 *Pellionia paucidentata* (H. Schröter) Chien

多年生草本。叶具短柄，叶下部呈长椭圆状卵形，上部呈倒卵状椭圆形或有时为倒披针形，长10～14cm，宽3.5～5cm，先端渐尖，基部呈不对称的楔形或微近圆形，边缘自中部以上有锯齿。雌雄异株，雄花序二至四回分枝，雌花序密呈聚伞状。花期10月至翌年1月，果期11月至翌年2月。生于海拔200～750m的密林下沟边潮湿处或岩石上。

滇南赤车

石筋草 *Pilea plataniflora* C. H. Wright

多年生草本。茎肉质，高10～70cm。叶不等大，变异很大，长1.2～12cm，宽0.7～4.5cm，先端尾状渐尖，基部常偏斜，全缘，基出脉3条。花序聚伞圆锥状，雄花带绿黄色或紫红色，雌花带绿色。瘦果卵形。花期5～8月，果期6～9月。常生于海拔1000～2400m的山地林下石灰岩上。

石筋草

毛茎冷水花 *Pilea villicaulis* Hand.-Mazz.

多年生草本。茎肉质，密被长柔毛。叶不等大，长圆状椭圆形，长5～14.5cm，宽2～8cm，先端锐尖至短尾状，基部宽楔形，边缘有圆牙齿，两面有长柔毛，基出脉3条，叶柄长0.5～6cm。雌雄异株，花序二歧聚伞状，雄花淡绿色或带白色。瘦果圆卵形。花期8月，果期10月。生于海拔850～2500m的山谷林下阴湿处。

毛茎冷水花

藤麻 *Procris crenata* C. B. Robins.

多年生草本。正常叶具短柄，叶片长椭圆状披针形或倒卵状长圆形，长6～20cm，宽1.5～5cm，略偏斜，两侧近对称，先端渐尖或有时急尖，基部楔形，边缘自中部以上疏生浅牙齿或近全缘，两面无毛。雌雄异株，雄花序疏散，簇生；雌花序有肉质球状的花序托。花期6～7月，果期7～9月。生于海拔150～3000m的山坡常绿阔叶林下或溪边岩石上。

藤麻

锥头麻 *Poikilospermum suaveolens* (Bl.) Merr.

攀缘灌木。叶片宽卵形、椭圆形或倒卵形，

长 18 ～ 34cm，宽 12 ～ 24cm，先端锐尖或钝尖，基部楔形、圆形或心形，两面无毛，叶柄长 5 ～ 15cm。雌雄异株，花序二至三回二歧分枝，团伞花序球形。花期 4 月，果期 5 ～ 6 月。生于海拔 400 ～ 900m 沟谷密林中或水沟边。

冬青科 Aquifoliaceae

伞花冬青 *Ilex godajam* (Colebr. ex Wall.) Wall.

常绿乔木。叶片卵形或长圆形，长 6 ～ 13.5cm，宽 4 ～ 6.5cm，先端钝圆或三角状短渐尖，基部圆形，全缘，叶面无毛，主脉在叶面凹陷，叶柄长 0.8 ～ 1.5cm。伞状聚伞花序。果球形，成熟时红色。花期 4 月，果期 8 月。生于海拔 300 ～ 1000m 的山坡疏林或杂木林中。

多脉冬青 *Ilex polyneura* (Hand.-Mazz.) S. Y. Hu

落叶乔木。叶片长圆状椭圆形，长 8 ～ 15cm，宽 3.5 ～ 6.5cm，先端长渐尖，基部圆形或钝，边缘具锯齿，叶面无毛，背面被微柔毛，叶柄长 1.5 ～ 3cm，紫红色。假伞形花序，花白色。果球形，红色。花期 5 ～ 6 月，果期 10 ～ 11 月。生于海拔 1260 ～ 2600m 的林中或灌丛中。

四川冬青 *Ilex szechwanensis* Loes.

乔木。叶片卵状椭圆形、卵状长圆形或椭圆形，长 3.5 ～ 7cm，宽 2 ～ 4cm，先端渐尖，短渐尖至急尖，基部楔形至钝，边缘具锯齿，叶面无毛。雄花 1 ～ 7 朵排成聚伞花序。果球形，成熟后黑色。花期 5 ～ 6 月，果期 8 ～ 10 月。生于海拔 450 ～ 2500m 的丘陵、山地常绿阔叶林、杂木林、疏林或灌木丛中及溪边、路旁。

卫矛科 Celastraceae

独子藤 *Celastrus monospermus* Roxb.

常绿藤本。叶片长椭圆形至窄椭圆形，长 7 ～ 20cm，宽 3 ～ 10cm，先端短渐尖或急尖，基部楔形，边缘具锯齿，叶柄长约 1cm。花序腋生或顶生及腋生并存，聚伞圆锥花序。蒴果阔椭圆状。花期 3 ～ 6 月，果期 6 ～ 10 月。生于海拔 1000m 以上的山地次生杂木林中。

滇南美登木 *Maytenus austroyunnanensis* S. J. Pei et Y. H. Li

灌木，枝有刺。叶片倒卵椭圆形、椭圆形或长方椭圆形，长 8～14cm，宽 4～7cm，先端急尖或钝，基部窄缩或下延成窄长楔形，边缘具锯齿。聚伞花序，二歧分枝，花白色。果皮薄革质或革质。生于海拔 700～900m 的山地林中。

美登木 *Maytenus hookeri* Loes.

灌木，老枝有疏刺。叶片椭圆形或长方卵形，长 10～20cm，先端渐尖或长渐尖，基部楔形或阔楔形，边缘有浅锯齿。聚伞状圆锥花序 2～7 枝丛生，花淡绿色。蒴果扁，长约 1cm。花期 3～5 月，果期 5～7 月。生于海拔 500～700m 的山地或山谷的丛林中。

茶茱萸科 Icacinaceae

粗丝木 *Gomphandra tetrandra* (Wall. in Roxb.) Sleum.

小乔木。叶片狭披针形、长椭圆形或阔椭圆形，长 6～15cm，宽 2～6cm，先端渐尖或成尾状，基部楔形，叶柄长 0.5～1.5cm。聚伞花序，密被黄白色短柔毛，花黄白色，雄蕊稍长于花冠，花丝具髯毛。核果椭圆形，由青转黄，成熟时白色。花果期全年。生于海拔 500～2200m 的疏林或密林下、石灰山林内及路旁灌丛、林缘、箐沟边。

毛假柴龙树 *Nothapodytes tomentosa* C. Y. Wu.

乔木。叶片椭圆形至长圆状倒卵形，长 3～12cm，宽 2～8cm，先端渐尖，基部钝或圆形，两面具毛，叶柄长 1～3cm。聚伞花序，花萼杯状，花瓣黄色，密被黄色长硬毛。核果椭圆形，由黄绿色变为熟时的深紫色。花果期 5 月。生于海拔 1400～2500m 的山坡、溪旁、路边灌丛中。

铁青树科 Olacaceae

香芙木 *Schoepfia fragrans* Wall.

常绿小乔木。叶片长椭圆形、长卵形、椭圆形或长圆形，长 6～9cm，宽 3.5～5cm，顶端渐尖或长渐尖，常偏斜，基部通常楔形，侧脉 3～8 条，

叶柄长 4 ～ 8mm。花排成总状花序状的蝎尾状聚伞花序，白色或淡黄色。果近球形。花期 9 ～ 10 月，果期 10 月至翌年 1 月。生于海拔 850 ～ 2100m 的密林、疏林或灌丛中。

桑寄生科 Loranthaceae

五蕊寄生 *Dendrophthoe pentandra* (L.) Miq.

寄生灌木。叶片披针形至近圆形，通常为椭圆形，长 5 ～ 13cm，宽 2.5 ～ 8.5cm，顶端钝圆，基部渐狭，侧脉 2 ～ 4 对。总状花序具花 3 ～ 10 朵，花初呈青白色，后变红黄色，花托卵球形或坛状。果卵球形，红色。花果期 12 月至翌年 6 月。生于海拔 550 ～ 1600m 的山地亚热带常绿阔叶林。

大苞鞘花 *Elytranthe albida* (Bl). Bl.

寄生灌木，全株无毛。叶片长椭圆形至长卵形，长 8 ～ 16cm，宽 4.5 ～ 6cm，顶端短尖，基部钝圆，叶柄长 2 ～ 3cm。穗状花序腋生，花冠长 5 ～ 6.5cm，红色，裂片披针形，外弯。果球形，具宿存副萼和乳头状花柱基。花期 11 月至翌年 4 月，果期 1 ～ 6 月。生于海拔 1000 ～ 2300m 的山地阔叶林中，常寄生于栎属上。

离瓣寄生 *Helixanthera parasitica* Lour.

寄生灌木，枝叶均无毛。叶片卵形或卵状披针形，长 5 ～ 12cm，宽 3 ～ 4.5cm，顶端急尖至渐尖，基部楔形至圆形，叶柄长 5 ～ 15mm。总状花序 1 ～ 2 个，花红色，花冠基部膨胀，具 5 条拱起的棱，花瓣 5 片，雄蕊着生于花瓣中部。果长圆形，红色，顶端截平。花期 8 ～ 9 月，果期 5 ～ 8 月。生于海拔 120 ～ 2000m 的常绿阔叶林中，寄生于壳斗科植物上。

鞘花 *Macrosolen cochinchinensis* (Lour.) Van Tiegh.

寄生灌木。叶片阔椭圆形至披针形，长 5 ～ 10cm，宽 2.5 ～ 6cm，顶端急尖或渐尖，基部楔形或阔楔形，叶柄长 5 ～ 10mm。总状花序，花冠橙色，冠管膨胀，具 6 棱，裂片 6 枚，反折。果近球形，橙色。花期 2 ～ 5 月，果期 5 ～ 8 月。生于海拔 200 ～ 2500m 的山地常绿阔叶林中，常寄生于壳斗科、榕、枫香等多种植物上。

红花寄生 *Scurrula parasitica* L.

寄生灌木，嫩枝、叶密被锈色星状毛。叶片卵形至长卵形，长 5～8cm，宽 2～4cm，顶端钝，基部阔楔形，叶柄长 5～6mm。总状花序，花红色，密集，花冠花蕾时管状，下半部膨胀，顶部椭圆状。花果期 10 月至翌年 1 月。生于海拔 700～2800m 的山地常绿阔叶林中。

檀香科 Santalaceae

寄生藤 *Dendrotrophe frutescens* (Champ. ex Benth.) Danser

木质藤本。叶片倒卵形至阔椭圆形，常不对称，长 4～7cm，宽 2～4cm，顶端圆钝，有短尖，基部渐狭而下延成叶柄，基出脉 3 条，叶柄扁平。花通常单性，雌雄异株。核果卵状或卵圆形，带红色。花期 1～3 月，果期 6～8 月。生于海拔 500～1900m 干燥灌丛及疏林土坡。

檀梨 *Pyrularia edulis* (Wall.) A. DC.

乔木。叶片卵状长圆形，长 7～15cm，宽 3～6cm，顶端渐尖或短尖，基部阔楔形至近圆形。雄花总状花序，雌花单生。核果梨形，顶端近截形，有脐状突起。花期 4～7 月，果期 8～10 月。生于海拔 1200～2700m 的常绿阔叶林中。

无刺硬核 *Scleropyrum wallichianum* (W. et A.) Arn. var. *mekongense* (Gagnep.) Lecte

常绿乔木。叶片长圆形或椭圆形，长 9～18cm，宽 5～7cm，顶端圆钝或急尖，基部近圆形，叶柄长 5～10mm，基部节明显或肿大。花序单生，成对着生或少数簇生，被黄色绒毛。核果成熟时橙黄色或橙红色。花期 4～5 月，果期 8～9 月。生于海拔 600～1650m 的密林中。

蛇菰科 Balanophoraceae

红冬蛇菰 *Balanophora harlandii* Hook. f.

寄生草本，与寄主植物根融合，块状根茎聚合。叶 5～10 对交互对生。雄花序卵珠状椭圆形，雌花只着生在花序主轴上。花期 9～12 月，果期未见。生于海拔 1000～2000m 的山坡竹林或阔叶林下，寄生于杜鹃、锥栗及大麻根上。

胡颓子科 Elaeagnaceae

鸡柏紫藤 *Elaeagnus loureirii* Champ.

常绿攀缘灌木。叶片椭圆形至长椭圆形或卵状椭圆形至披针形，长 5～10cm，宽 2～4.5cm，先端渐尖或骤渐尖，基部圆形，稀阔楔形，叶面幼时具褐色鳞片，背面棕红色或褐黄色，密被鳞片。花密被褐色或深锈色鳞片，花梗长 7～10mm，萼筒钟形。果实椭圆形，果梗长 7～11mm，细而下弯。花期 10 月至翌年 5 月，果期 4～7 月。生于海拔 1000～2400m 的山地疏林中。

葡萄科 Vitaceae

毛乌蔹莓 *Cayratia japonica* (Thunb.) Gagnep. var. *mollis* (Wall.) Momiyama

草质藤本，卷须二至三叉分枝。叶鸟足状，5 小叶，侧生小叶片长椭圆形，长 1～7cm，宽 0.5～3.5cm，边缘每侧有 6～15 个锯齿，叶面无毛，背面满被或仅脉上密被疏柔毛。复二歧聚伞花序。果实近球形。花期 5～7 月，果期 7 月至翌年 1 月。生于海拔 800～2200m 的山谷林中或山坡灌丛中。

青紫葛 *Cissus javana* DC.

草质藤本。卷须二叉分枝。叶片戟形或卵状戟形，长 6～15cm，宽 4～10cm，顶端渐尖，基部心形，边缘每侧有 15～34 个尖锐锯齿，两面无毛，干时两面显著不同色，基出脉 5 条，叶柄长 2～4.5cm。花序顶生或与叶对生。果实倒卵椭圆形。花期 6～10 月，果期 11～12 月。生于海拔 600～2000m 的山坡林中、草丛或灌丛中。

火筒树 *Leea indica* (Burm. f.) Merr.

直立灌木。二至三回羽状复叶，无毛，小叶片椭圆形、长椭圆形或长椭圆披针形，顶端渐尖或尾尖，基部圆形，边缘具齿，两面均无毛，托叶与叶柄合生。花序与叶对生，复二歧聚伞花序或二级分枝集生成伞形。果实扁球形。花期 4～7 月，果期 8～12 月。生于海拔 200～1200m 的山坡、溪边林下或灌丛中。

十字崖爬藤 *Tetrastigma cruciatum* Craib et Gagnep.

木质藤本。叶为 3 小叶，中央小叶片椭圆披针形

或倒卵披针形，长 11.5 ～ 13cm，宽 2.5 ～ 5cm，顶端渐尖或尾状渐尖，基部楔形，边缘每侧有 4 ～ 5 个波状锯齿，两面均无毛，叶柄长 3 ～ 4.5cm，小叶柄长 0.2 ～ 0.4cm。果实球形。花期 4 ～ 8 月，果期 7 ～ 11 月。生于海拔 600 ～ 1600m 的山坡灌丛或溪边林下。

七小叶崖爬藤

七小叶崖爬藤 *Tetrastigma delavayi* Gagnep.

木质藤本，茎多瘤状突起。卷须二叉分枝，叶鸟足状，7 ～ 8 小叶，中央小叶片倒卵长椭圆形或披针形，长 8 ～ 15cm，宽 2 ～ 7cm，两面均无毛，叶柄长 3 ～ 10cm。果实成熟时紫色，球形。花期 6 ～ 7 月，果期 10 月至翌年 3 月。生于海拔 1000 ～ 2500m 的山谷林中或灌丛中。

红枝崖爬藤 *Tetrastigma erubescens* Planch.

木质藤本。卷须不分枝。叶为 3 小叶，中央小叶片长椭圆形或长椭圆披针形，顶端短尾尖，基部宽楔形，边缘每侧有 7 ～ 8 个疏齿，两面无毛。花序腋生，集生成伞形，花呈伞状着生在分枝末端。果实长椭圆形。花期 4 ～ 5 月，果期翌年 4 ～ 5 月。生于海拔 100 ～ 1100m 的山谷林中或山坡岩石缝中。

红枝崖爬藤

细齿崖爬藤 *Tetrastigma napaulense* (DC.) C. L. Li

草质藤本。卷须二叉分枝，相隔 2 节间断与叶对生。叶为鸟足状 5 小叶，卵圆形或卵椭圆形，长 2 ～ 7cm，宽 1.5 ～ 3cm，顶端渐尖，外侧小叶基部不对称，边缘每侧有 5 ～ 15 个波状细牙齿，两面均无毛。花序集生成伞形或二歧状。果实球形，成熟时紫红色。花期 5 ～ 10 月，果期翌年 1 ～ 4 月。生于海拔 900 ～ 2400m 的山谷林中或坡灌丛中。

细齿崖爬藤

芸香科 Rutaceae

山油柑 *Acronychia pedunculata* (L.) Miq.

乔木。叶片长圆形至长椭圆形，长 4 ～ 17cm，宽 2.0 ～ 8.5cm，两端狭尖，具腺点，全缘，叶柄长 1 ～ 3.5cm。花白色，花瓣线形或狭长圆形。果绿色至黄色，近球形，顶端具短喙尖。花期 4 ～ 8 月，果期 8 ～ 12 月。生于海拔 400 ～ 1600m 的低丘灌丛及河谷林缘。

山油柑

假黄皮 *Clausena excavata* Burm. f.

灌木。叶有小叶 21～27 枚，甚不对称，长 2～8cm，宽 1～2.5cm，边缘波浪状，两面被毛。花序顶生，花蕾圆球形，花瓣白或淡黄白色。果椭圆形，成熟时由暗黄色转为淡红至朱红色。花期 3～4 月，果期 7～9 月。生于海拔 600～1600m 的山坡灌丛或疏林中。

三桠苦 *Evodia lepta* (Spreng.) Merr.

灌木。三出复叶，小叶片长椭圆形，长 6～20cm，宽 2～8cm，顶端渐狭尖而钝头，基部楔形或近圆形，全缘或为不规则的浅波状，两面无毛，小叶柄甚短。伞房圆锥花序，花白色。外果皮暗黄褐色至微棕色。花期 3 月，果期 6～8 月。生于海拔 150～2200m 的低丘、密林及林缘灌丛中。

单叶吴萸 *Evodia simplicifolia* Ridl.

灌木。叶片交互对生，长椭圆形，长 6～15cm，宽 2.5～5cm，先端短急尖，基部浑圆，全缘，纸质，油点多，叶柄长 1～3.5cm。花序腋生。分果爿茶褐色，薄壳质每分果爿有成熟种子 1 粒。花期 4～5 月，果期 9～10 月。生于海拔 650～1300m 的热带丛林、旷地。

单叶藤橘 *Paramignya confertifolia* Swingle

木质攀缘藤本，茎枝刺向下弯。叶片椭圆形或卵形，长 6～15cm，宽 3.5～7cm，基部圆，两面无毛，叶柄扭曲。叶缘有甚细小的圆裂齿或全缘。单花或 3 花出自叶腋间，花瓣白色。果近圆球形，成熟的果黄色，果皮有粗大油点。花期 8～9 月，果期 12 月。生于海拔 210～1000m 的沟谷密林或溪涧灌丛中。

飞龙掌血 *Toddalia asiatica* (L.) Lam.

木质藤本，具锐刺。三出复叶，小叶无柄，密生透明油点，揉之有香气，卵形、倒卵形、椭圆形或倒卵状椭圆形，长 2～9cm，宽 1～3cm，顶部尾状长尖或急尖而钝头，叶缘有细裂齿。果橙红或朱红色。花期 10～12 月，果期 12 月至翌年 2 月。生于海拔 560～2600m 的林下、林缘、荆棘灌丛中。

苦木科 Simaroubaceae

苦树 *Picrasma quassioides* (D. Don) Benn.
落叶乔木，全株有苦味。奇数羽状复叶，小叶
9～15枚，卵状披针形或广卵形，长7～12cm，
宽2.5～4cm，边缘具粗锯齿，先端渐尖，基部
楔形，顶生叶基部不对称。雌雄异株，复聚伞花
序腋生。核果成熟后蓝绿色。花期4月，果期7月。
生于海拔1400～2400m的山地杂木林中。

苦树

棟科 Meliaceae

望谟崖摩 *Amoora ouangliensis* (Levl.) C. Y. Wu
乔木。叶长约50cm，叶柄和叶轴无毛，小叶6～8
枚，椭圆形至长椭圆状披针形，长10～18cm，
宽5～7cm，顶端渐尖，基部一侧楔形，另一侧
浑圆而明显下延，侧脉每边12～15条。果序长
6～10cm，果为球形。果期5月和8～10月。
生于海拔960～1530m的森林中。

望谟崖摩

南酸枣 *Choerospondias axillaris* (Roxb.) Burtt et Hill.
落叶乔木。奇数羽状复叶，小叶3～6对，叶
轴无毛，叶柄纤细，基部略膨大，小叶片卵形
或卵状披针形或卵状长圆形，长4～12cm，宽
2～4.5cm，先端长渐尖，基部多少偏斜，全缘。
核果成熟时黄色，果核顶端具5个小孔。花期4～5
月，果期10月。生于海拔440～2000m的山坡、
沟谷林中。

南酸枣

浆果棟 *Cipadessa baccifera* (Roth.) Miq.
灌木。叶轴和叶柄无毛或稍被微柔毛，小叶4～6
对，对生，长卵形、长椭圆形至披针形，长
1.5～8cm，宽1～3cm，先端短渐尖，基部楔形
或宽楔形，全缘或仅上半部有锯齿。花瓣白色或
淡黄色，果熟后紫红色。花期4～6月，果期12
月至翌年2月。生于海拔500～1600m的山地疏
林或灌木林中。

浆果棟

红椿 *Toona ciliata* Roem.
乔木。偶数或奇数羽状复叶，通常有小叶6～12
对，长圆状卵形或披针形，长11～12cm，宽
3.5～4cm，先端尾状渐尖，基部一侧圆形，另一

侧楔形，全缘，两面均无毛。圆锥花序顶生。蒴果长椭圆形，有苍白色皮孔。花期 4 ～ 5 月，果熟期 7 月。生于海拔 560 ～ 1550m 的沟谷林中或山坡疏林中。

鹧鸪花 *Heynea trijuga* Roxburgh

乔木。奇数羽状复叶，小叶 3 ～ 4 对，披针形或卵状长椭圆形，长 4.5 ～ 16cm，宽 2.5 ～ 4.5cm，先端渐尖，基部钝圆至宽楔形，偏斜。圆锥花序，花瓣白色或淡黄色。蒴果椭圆形，外果皮红色。花期 4 ～ 6 月，果期 5 月和 11 月。生于海拔 120 ～ 1350m 的季雨林、雨林、常绿阔叶林及次生群落中。

红椿

无患子科 Sapindaceae

山韶子 *Nephelium chryseum* Bl.

常绿乔木。叶连柄长 20 ～ 40cm，小叶常 4 对，长圆形，长 6 ～ 18cm，宽 3 ～ 5.5cm，两端短渐尖，基部多少偏斜，全缘，背面被柔毛，侧脉 9 ～ 14 对，小叶柄长 4 ～ 6mm。果椭圆形，具弯钩状刺。花期春季，果期夏季。生于海拔 420 ～ 1530m 的密林中潮湿处。

鹧鸪花

绒毛番龙眼 *Pometia tomentosa* (Bl.) Teysm. et Binn.

常绿乔木，板根发达，树皮鲜红褐色，小枝、花序、叶轴和小叶被绒毛。羽状复叶，小叶 4 ～ 13 对，长圆形或长圆状披针形，长 15 ～ 21cm，宽 4 ～ 8.5cm，边缘有整齐的锯齿。花序有细长、末端俯垂的分枝。果狭椭圆形，果皮光滑。花期 2 ～ 5 月，果期 5 ～ 8 月。生于海拔 475 ～ 1500m 的沟谷林中。

山韶子

七叶树科 Hippocastanaceae

澜沧七叶树 *Aesculus lantsangensis* Hu et Fang

落叶乔木。掌状复叶，小叶 7 枚，长椭圆形，长 15 ～ 18cm，宽 5 ～ 6cm，先端骤锐尖，有尾尖头，基部楔形，边缘具紧贴的小牙齿。花序密被淡黄色微柔毛，花瓣白色，有褐色斑块，子房紫色，花药黄色。花期 5 月，果期 7 月。生于海拔 1500m 的溪边丛林中。

绒毛番龙眼

澜沧七叶树

省沽油科 Staphyleaceae

越南山香圆 *Turpinia cochinchinensis* (Lour.) Merr.
乔木。叶对生，羽状复叶，小叶对生，3～5
枚，长卵形至长倒卵形，长（6～）10～12cm，
宽 2.5～4cm，边缘具圆锯齿，两面光亮。圆
锥花序顶生或腋生，花较多，密集。果球形，
紫红色。花期 1～4 月，果期 10 月。生于海拔
1200～2100m 的湿润密荫处。

漆树科 Anacardiaceae

盐肤木 *Rhus chinensis* Mill.
落叶乔木。奇数羽状复叶，小叶 3～6 对，叶轴
具宽翅，叶轴和叶柄密被锈色柔毛，小叶片卵形或
长圆形，长 6～12cm，宽 3～7cm，先端急尖，
基部圆形，顶生小叶基部楔形，边缘具粗锯齿或圆
齿。圆锥花序密，花白色。核果球形，成熟时红
色。花期 8～9 月，果期 10 月。生于海拔 170～
2700m 的向阳山坡、沟谷、溪边的疏林或灌丛中。

野漆 *Toxicodendron succedaneum* (L.) O. Kuntze
落叶乔木。奇数羽状复叶，有小叶 4～7 对，长
圆状椭圆形，长 5～16cm，宽 2～5.5cm，先端
渐尖，基部圆形，全缘，两面无毛，叶背常具白
粉。圆锥花序，花黄绿色。核果大，偏斜，淡黄色。
牛于海拔 770～2200m 的林内。

牛栓藤科 Connaraceae

长尾红叶藤 *Rourea caudata* Planch.
木质藤本。奇数羽状复叶互生，小叶 7～9 枚，
披针形，长 3～12cm，宽 2～5cm，先端长尾尖，
基部歪斜，全缘，两面无毛。圆锥花序在叶腋簇生。
蓇葖果弯月形，深绿色。花期 4～10 月，果期 5
月至翌年 3 月。生于海拔 760～1800m 的山地疏
林较干燥处。

胡桃科 Juglandaceae

毛叶黄杞 *Engelhardtia colebrookiana* Lindl. ex
Wall.
落叶乔木，小枝密被柔毛。偶数羽状复叶，叶总

柄和叶轴粗壮，密被短柔毛，小叶 2～4 对，阔椭圆状卵形，全缘，叶面有稀疏毛，背面密被短柔毛。雄性柔荑花序多条形成圆锥状花序束。果序俯垂，密被短柔毛。花期 2～3 月，果期 4～6 月。常生于海拔 280～2000m 的山谷林中或灌丛中。

云南黄杞 *Engelhardtia spicata* Lesch. ex Bl.
乔木。偶数羽状复叶，叶轴及叶柄幼时密被褐色柔毛，后变无毛，具小叶 4～7 对，对生或近对生，长椭圆形或长椭圆状披针形，长 7～18cm，宽 2～8cm，全缘，叶面无毛，背面沿主脉疏被柔毛，侧脉 10～13 对。果序下垂，果序轴具棱，被柔毛，果球形，密被长刚毛。花期 11 月，果期翌年 1～2 月。生于海拔 800～2000m 的山坡混交林中。

八角枫科 Alangiaceae

八角枫 *Alangium chinense* (Lour.) Harms
落叶乔木，小枝略呈"之"字形。叶片近圆形，长 13～26cm，宽 9～22cm，基部两侧常不对称，不分裂或 3～7 裂，裂片短锐尖，背面脉腋有丛状毛，基出脉 3～5 条，叶柄长 2.5～3.5cm。聚伞花序，花冠圆筒形，花瓣初为白色。核果卵圆形。花期 5～10 月，果期 7～11 月。生于海拔 500～2300m 的山地或疏林中。

蓝果树科 Nyssaceae

喜树 *Camptotheca acuminata* Decne.
落叶乔木。叶片椭圆形，长 10～20cm，宽 6～10cm，全缘，先端渐尖，基部阔楔形，表面深绿色，背面幼时密被短伏毛。球形头状花序，雌花者顶生，雄花者腋生。果序头状，翅果长圆状披针形。花期 5～6 月，果期 7～10 月。生于海拔 600～1800m 的山坡或溪边。

五加科 Araliaceae

虎刺楤木 *Aralia armata* (Wall.) Seem.
多刺灌木，刺短。三回羽状复叶，托叶和叶柄基部合生，先端截形，叶轴和羽片轴疏生细刺，羽片有小叶 5～9 枚，基部有小叶 1 对，长圆状卵形，长 2.5～9cm，宽 1.5～3cm，先端渐尖，基部圆形，边缘有锯齿。伞形花序组成圆锥花序，花白色。果

毛叶黄杞

云南黄杞

八角枫

喜树

虎刺楤木

实球形。花期 8 ～ 10 月，果期 10 ～ 11 月。生于海拔 210 ～ 1400m 的常绿阔叶林疏林或山坡灌丛中。

粗毛楤木 *Aralia searelliana* Dunn

乔木，小枝密生黄色粗毛，有刺。二回羽状复叶，小叶 5 ～ 9 枚，基部有小叶 1 对，卵形，长 12 ～ 18cm，宽 5 ～ 10.5cm，两面密生黄色粗毛，边缘有锯齿。圆锥花序大，主轴和分枝密生黄色粗毛。果实球形，黑色。花期 10 月，果期翌年 2 月。生于海拔 1400 ～ 2400m 的常绿阔叶林中或沟旁。

榕叶掌叶树 *Euaraliopsis ficifolia* (Dunn) Hutch.

常绿灌木，枝有刺。叶片掌状 3 ～ 5 深裂，卵形，长 20 ～ 40cm，宽 6 ～ 10cm，先端渐尖，基部狭，背面有稀疏星状毛，边缘有锯齿。伞形花序组成圆锥花序，花白色，芳香。果实阔球形，黑色。花期 11 月，果期翌年 2 ～ 3 月。生于海拔 1400 ～ 1700m 的林中或林缘。

中华鹅掌柴 *Schefflera chinensis* (Dunn) Li.

乔木。叶有小叶 5 ～ 7，小叶卵状长圆形，长 8 ～ 20cm，宽 3.5 ～ 10cm，先端渐尖，基部宽楔形至近圆形，边缘全缘或被疏锯齿至缺刻，上面无毛，下面疏被星状柔毛。顶生圆锥花序，密被黄褐色绒毛，花密集成圆球形头状花序。果近球形，疏被绒毛。花期 11 月，果期翌年 5 月。生于海拔 1580 ～ 2200m 的林中。

密脉鹅掌柴 *Schefflera venulosa* (Wight et Arn.) Harms

常绿乔木，有时为附生藤状灌木。掌状复叶，有小叶 5 ～ 7 枚，椭圆形或长圆形，长 7 ～ 20cm，宽 3 ～ 10cm，先端急尖，基部渐狭，全缘。圆锥花序顶生，伞形花序腋生。果实卵形或近球形，红色。花期 12 月至翌年 3 月，果期 5 月。生于海拔 900 ～ 2100m 的丛林中。

刺通草 *Trevesia palmata* (Roxb.) Vis.

常绿小乔木，小枝有绒毛和刺。叶片大，直径达 60 ～ 90cm，掌状深裂，裂片 5 ～ 9 枚，边缘有大锯齿，叶面无毛或两面都疏生星状绒毛。圆锥花序大，伞形花序大，花淡黄绿色。果实卵球形。花期 3 ～ 5 月，果期 5 ～ 6 月。生于海拔 200 ～ 1500m 的密林或混交林内。

多蕊木 *Tupidanthus calyptratus* Hook. f. et Thoms.
大藤本。掌状复叶，小叶 7 ～ 9 枚，托叶和叶柄基部合生，倒卵状长圆形，长 10 ～ 26cm，宽 3.5 ～ 9cm，先端短渐尖，基部阔楔形，两面无毛，全缘。伞形花序组成顶生复伞形花序，花绿色，花瓣合成帽状体。果扁球形。花期 2 ～ 3 月，果期 4 ～ 8 月。生于海拔 900 ～ 1700m 的林中，攀附于其他树木上。

伞形科 Umbelliferae

红马蹄草 *Hydrocotyle nepalensis* Hk.
多年生草本，茎匍匐。叶片圆形或肾形，长 2 ～ 5cm，宽 3.5 ～ 9cm，边缘浅裂，基部心形，掌状脉 7 ～ 9，疏生短硬毛，叶柄密被柔毛。伞形花序，花瓣白色或乳白色，果光滑或有紫色斑点。花果期 5 ～ 11 月。生于海拔 350 ～ 2080m 的山坡、路旁、阴湿地、水沟和溪边草丛中。

杜鹃花科 Ericaceae

假木荷 *Craibiodendron stellatum* (Pierre) W. W. Smith
常绿乔木。叶互生，椭圆形，长 6 ～ 10cm，宽 3.5 ～ 4.5cm，先端钝圆或凹缺，基部钝或近圆形，全缘，两面无毛。圆锥花序，花白色，有香气。蒴果扁球形。花期 7 ～ 10 月，果期 10 月至翌年 4 月。生于海拔 420 ～ 1800m 的疏林中。

珍珠花 *Lyonia ovalifolia* (Wall.) Drude
落叶乔木。叶片卵形或椭圆形，长 5 ～ 10cm，宽 2.7 ～ 6cm，先端渐尖，基部钝圆或心形，两面无毛。总状花序着生叶腋，花冠圆筒状，雄蕊 10 枚，花丝线形。蒴果球形。花期 6 ～ 7 月，果期 8 月。生于海拔 700 ～ 2800m 的林中。

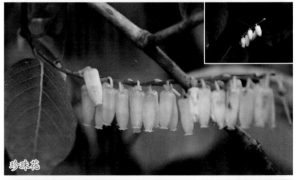

滇南杜鹃 *Rhododendron hancockii* Hemsl.
常绿乔木。叶片倒卵形或长圆状，长 7.5 ～ 15cm，宽 2.5 ～ 6cm，先端短渐尖，向基部渐狭，边缘有时具刚毛状小睫毛，两面无毛，叶柄长 0.8 ～ 1.5cm。花冠白色，阔漏斗形，5 深裂，基部具淡黄色斑点。蒴果圆柱状。花期 4 ～ 6 月，果期 7 ～ 12 月。常生于海拔 1100 ～ 2000m 的山坡灌丛或杂木林内。

毛棉杜鹃花 *Rhododendron moulmainense* Hook. f.

常绿灌木或乔木。叶近似轮生状，长圆状披针形或椭圆形，长7～21cm，宽2.5～7.5cm，先端渐尖，基部钝状宽楔形或楔形，中脉在叶面下陷，在背面隆起，侧脉纤细在两面略显，叶柄长1～2cm。花序1～3个生于枝顶叶腋，花冠白色或带淡红色，内面基部有1黄斑。花期2～4月，果期7～12月。生于海拔500～2700m的常绿阔叶林内或山坡灌木林。

越桔科 Vacciniceae

隐距越桔 *Vaccinium exaristatum* Kurz

常绿小乔木。叶片椭圆形、长圆状卵形，长3～7.5cm，宽2～3cm，顶端锐尖或渐尖，基部楔形至钝圆，边缘有锯齿，两面除沿中脉被短柔毛其余无毛，叶柄密被短柔毛。总状花序，花冠淡红色，筒状，裂齿直立或反折。浆果红色至紫黑色。花期3～4月，果期5～6月。生于海拔800～2000m的山坡灌丛或疏林中。

水晶兰科 Monotropaceae

水晶兰 *Monotropa uniflora* L.

多年生腐生草本，全株无叶绿素，白色，肉质。叶鳞片状，长圆形，先端钝头，无毛，近全缘。花顶生，先下垂，后直立，花冠筒状钟形，花柱柱头膨大成漏斗状。蒴果椭圆状球形。花期4～6月，果期7～9月。生于海拔1650～3200m山地林下。

柿树科 Ebenaceae

菜阳河柿 *Diospyros caloneura* C. Y. Wu var. *caiyangheenesis* F. Du et X.W. Zhao

常绿乔木，叶片椭圆形，长8.5～16cm，宽2.5～6cm，先端短渐尖，基部阔楔形，两面无毛，叶柄长4～8mm。雌雄异株，雄花序生于当年生新枝下部，花冠坛形；雌花序为伞房花序，叶状总苞片2枚。果实黄色，稍扁球形，密被黄褐色短毛。花期3～4月，果期9～10月。生于海拔1350m的沟谷密林中（赵宣武等，2018）。

野柿 *Diospyros kaki* Thunb. var. *silvestris* Makino
落叶乔木，小枝及叶柄密生黄褐色短柔毛。叶片
卵状椭圆形至倒卵形或近圆形，长 7～15cm，
宽 4.5～8cm，先端渐尖或钝，基部楔形，叶面
无毛，背面有柔毛。花冠钟形，黄白色。果实较
小。花期 4～6 月，果期 7～11 月。生于海拔
220～2300m 的山地密林、疏林或路边。

山榄科 Sapotaceae

大肉实树 *Sarcosperma arboreum* Hook. f.
常绿乔木。叶对生或近对生，长圆形，长 10～
18cm，宽 4～8cm，先端渐尖，基部楔形，通常
两侧不对称，全缘，叶柄长 1～3cm。圆锥花序
被锈色绒毛，花芳香，花冠绿转白色。核果长圆形，
绿色转紫色。花期 9 月至翌年 4 月，果期 3～6 月。
生于海拔 500～2500m 的疏林、密林中。

小叶肉实树 *Sarcosperma griffithii* Hook. f.
常绿乔木。叶近对生，近披针形，长 8～14cm，
宽 2～4cm，先端渐尖，基部楔形，两面近于无毛，
中脉在叶面凸起，背面稍凸起。圆锥花序或稀为
总状花序腋生，无毛，花小，淡绿色，单生或 2～3
朵簇生于花序轴上。花期 1～3 月，果期未见。
生于海拔 1900m 的混交林中。

紫金牛科 Myrsinaceae

纽子果 *Ardisia virens* Kurz
灌木。叶片椭圆状或长圆状披针形，长 9～17cm，
宽 3～6.5cm，顶端渐尖，基部楔形，边缘皱波
状或具细圆齿，齿间具边缘腺点，背面通常具密
腺点。花瓣初时白色或淡黄色。果球形，红色，
具密腺点。花期 6～7 月，果期 10～12 月或至
翌年 1 月。生于海拔 300～2700m 的密林下。

当归藤 *Embelia parviflora* Wall.
藤本，小枝 2 列，密被锈色长柔毛。叶 2 列，卵
形，顶端钝或圆形，基部广钝或近圆形，全缘，
多少具缘毛，叶面中脉被柔毛，背面被锈色长柔
毛。花瓣白色或粉红色。果球形，暗红色。花
期 12 月至翌年 5 月，果期 5～7 月。生于海拔
300～1800m 的山间密林中、林缘或灌木丛中。

白花酸藤果 Embelia ribes Burm. f.

藤本，枝条无毛。叶片长圆状椭圆形，顶端钝渐尖，基部圆形，全缘，两面无毛，叶柄两侧具狭翅。圆锥花序，花瓣淡绿色或白色。果球形或卵形，红色或深紫色。花期 5～7 月，果期 9～12 月。生于海拔 1200～2000m 的林内、林缘灌木丛中。

白花酸藤果

瘤皮孔酸藤子 Embelia scandens (Lour.) Mez

攀缘灌木，小枝密生瘤状皮孔。叶片椭圆状卵形或椭圆状披针形，长 5～9cm，宽 2.5～4cm，顶端钝，稀急尖，基部圆形或楔形，全缘或上半部具不明显的疏锯齿，两面无毛，侧脉 7～9 对或更多。总状花序腋生，花瓣白色或淡绿色。果球形，红色，花柱宿存。花期 11 月至翌年 1 月，果期 3～5 月。生于海拔 400～1300m 的疏林、密林或疏灌木丛中。

瘤皮孔酸藤子

包疮叶 Maesa indica (Roxb.) A. DC.

大灌木。叶片卵形至广卵形或长圆状卵形，长 8～17cm，宽 5～9cm，顶端急尖或突然渐尖，基部楔形或近圆形，边缘具波状齿、疏细齿或粗齿，两面无毛。总状花序或圆锥花序，花冠白色或淡黄色，钟形。果球形，白色微带红色，具纵行肋纹。花期 4～5 月，果期 9～11 月。生于海拔 500～2000m 的疏林或密林下、山坡或沟底阴湿处。

包疮叶

称杆树 Maesa ramentacea (Roxb.) A. DC.

乔木或小乔木。叶片卵形、卵状披针形或椭圆状披针形，长 8～16cm，宽 2.5～5.5cm，顶端长渐尖、近尾状渐尖或急尖，基部广钝、圆形或广急尖，全缘或有浅的波状齿，两面无毛，总状圆锥花序腋生，花冠白色，短钟状。果球形，黄色，宿存萼片几包顶部。花期 1～3 月，果期 8～10 月。生于海拔 400～1600m 的树林下、林缘、路边、沟边或溪边灌丛中。

称杆树

毛杜茎山 Maesa permollis Kurz

灌木。叶片广椭圆形，长 20～31cm，宽 12～20cm，顶端突然短渐尖，基部广楔形，边缘具锯齿，叶面无毛，背面密被柔毛或硬毛，叶柄密被暗褐色长硬毛。球形总状花序，密被长柔毛或硬毛，花淡黄色或白色。果卵圆形，密被褐色长硬毛。花期约 3 月，果期 11～12 月。生于海拔 450～

毛杜茎山

1600m 的山坡、沟谷杂木林下、阴湿处或水旁。

密花树 *Rapanea neriifolia* (Sieb. et Zucc.) Mez

常绿乔木。叶片长圆状倒披针形至倒披针形，长 7～17cm，宽 1.3～6cm，顶端急尖，基部楔形，全缘，两面无毛，侧脉不明显。伞形花序或花簇生，花瓣白色或淡绿色。果球形或近卵形，灰绿色或紫黑色。花期 4～5 月，果期 10～12 月。生于海拔 650～2400m 的混交林中或苔藓林中，亦见于林缘、路旁等灌木丛中。

安息香科 Styracaceae

越南安息香 *Styrax tonkinensis* (Pierre) Craib ex Hartw.

落叶乔木。叶片卵形，长 6～12cm，宽 2.5～9cm，先端渐尖，基部圆形，全缘或上部具疏离锯齿，叶面无毛，背面被灰白色星状微绒毛，叶柄被灰黄色星状绒毛。花序聚伞总状或圆锥状，被淡黄色星状毛，花白色，具紫罗兰香。果卵形，外面被灰黄色星状绒毛。花期 4～6 月，果熟期 8～10 月。生于海拔 220～2400m 的林中。

山矾科 Symplocaceae

越南山矾 *Symplocos cochinchinensis* (Lour.) S. Moore

常绿乔木，芽、嫩枝、叶柄、叶背中脉及花序均被红褐色绒毛。叶片椭圆形、倒卵状椭圆形或狭椭圆形，长 9～27cm，宽 3～10cm，先端急尖或渐尖，基部阔楔形或近圆形，边缘具细锯齿，叶柄长 1～2cm。穗状花序，花冠有芳香，白色或淡黄色。核果圆球形，顶端宿萼裂片合成圆锥状。花期 8～9 月，果期 10～11 月。生于海拔 600～1500m 的湿润密林或疏林中。

白檀 *Symplocos paniculata* (Thunb.) Miq.

落叶灌木。叶片阔倒卵形、椭圆状倒卵形或卵形，长 3～11cm，宽 2～4cm，先端急尖或渐尖，基部阔楔形或近圆形，边缘有细尖锯齿，叶面无毛，叶背有柔毛。圆锥花序，通常有柔毛，花冠白色。核果熟时蓝色，卵状球形。花期 4～5 月，果期 8～9 月。生于海拔 760～2500m 的密林、疏林及灌丛中。

珠仔树 *Symplocos racemosa* Roxb.
小乔木，芽、嫩枝、嫩叶背面、叶柄均被褐色柔毛。叶片卵形或长圆状卵形，长 7～9cm，宽 2.5～4.5cm，先端圆或急尖，基部圆或阔楔形，全缘或有稀疏的浅锯齿。总状花序密被黄褐色柔毛，花冠白色。核果长圆形，顶端宿萼裂片直立。花期 10～12 月，果期翌年 3～5 月。生于海拔 500～1900m 的灌丛、疏林、杂木林及密林中。

马钱科 Loganiaceae

白背枫 *Buddleja asiatica* Lour.
小乔木。叶片卵形或卵状披针形，长 7～18cm，宽 1.5～4.5cm，顶部狭长渐尖，基部短尖，边全缘或小锯齿。总状花序窄而长，花丝白色，花柱绿色。果椭圆形，橙黄至朱红色。花期 10 月至翌年 2 月，果期 4～5 月。生于海拔 30～2800m 的山地疏林或密林中。

钩吻 *Gelsemium elegans* (Gardn. et Champ.) Benth.
常绿木质藤本。除苞片边缘和花梗幼时被毛外，全株均无毛。叶片卵形、卵状长圆形或卵状披针形，长 7～12cm，宽 2～4.5cm，顶端渐尖，基部阔楔形至近圆形，叶柄 6～12mm。花密集，花冠黄色，漏斗状。蒴果椭圆形，在开裂前具 2 条纵槽。花期 5～11 月，果期 7 月至翌年 3 月。生于海拔 650～1700m 的路边灌丛中。

木犀科 Oleaceae

密花素馨 *Jasminum coarctatum* Roxb.
攀缘灌木。叶片椭圆形、椭圆状披针形或披针形，长 5～12cm，宽 2～5cm，先端渐尖，基部钝或楔形，侧脉 3～5 条。花冠白色，高脚碟状，裂片 5～9 枚，窄披针形。果椭圆形或圆柱形，呈黑色。花期 1～3 月，果期 4～6 月。生于海拔 250～1200m 的山坡及沟谷密林或灌丛中。

丛林素馨 *Jasminum duclouxii* (Levl.) Rehd.
攀缘灌木。叶片披针形、椭圆形或长卵形，先端尾状渐尖或渐尖，基部圆形，两面无毛。花 3～15 朵，花冠粉红色、紫色或白色，近漏斗状，花冠裂片 4～5 枚。果球形，呈黑色。花期 12 月至翌年 3 月，果期 4～5 月。生于海拔 1200～2400m

峡谷、林中或灌丛中。

青藤仔 *Jasminum nervosum* Lour.

攀缘灌木。叶片卵形、卵状椭圆形或椭圆状披针形，长 4～9cm，宽 2～4cm，先端渐尖，基部阔楔形或近圆形，基出脉 3～5 条，两面无毛，叶柄具关节。花 1～5 朵，花芳香，花萼杯状，花冠白色，高脚碟状，裂片 8～10 枚。果球形或长圆形，成熟时由红变黑。花期 2～4 月，果期 4～8 月。生于海拔 300～1700m 的密林或路边灌丛中。

红花木犀榄 *Olea rosea* Craib

常绿小乔木。叶片披针形、长圆状披针形或卵状椭圆形，长 6～14cm，宽 2～6cm，先端渐尖至尾状渐尖，基部楔形或宽楔形，叶面近无毛，背面初时有毛，后变无毛。圆锥花序密被黄色柔毛，花黄白色，干时玫瑰红色。果长椭圆形，成熟时红紫色。花期 3～4 月，果期 5～11 月。生于海拔 850～1520m 的沟谷密林及山坡疏林。

夹竹桃科 Apocynaceae

长序链珠藤 *Alyxia yunkuniana* Tsiang

藤状灌木，除花和花序外无毛。叶对生或 3 片轮生，椭圆状长圆形或长圆状披针形，长 7～13cm，宽 3～4.5cm，端部短渐尖，基部楔形，中脉叶面凹陷，叶柄长 1cm。花冠高脚碟状，无毛。核果不呈链珠状，椭圆状或卵状长圆形。花期 6～10 月，果期 12 月至翌年 5 月。生于海拔 250～1000m 的山地密林下或山谷、溪旁疏林潮湿地方。

思茅清明花 *Beaumontia murtonii* Craib

攀缘藤本。叶片长圆形或长圆状倒披针形，长 17～20cm，宽 6～7.5cm，顶端短渐尖，叶面被微毛，背面密被短柔毛，叶柄长 1～2cm。圆锥状花序顶生，花冠筒圆筒状，长约 2cm，外面有绒毛。蓇葖果合生，长圆状圆柱形，顶端钝。花期春夏季，果期秋冬季。生于山地杂木林中。

鹿角藤 *Chonemorpha eriostylis* Pitard

木质藤本，除花冠和叶面外均被粗长毛，具乳汁。叶片倒卵形或宽长圆形，长 12～25cm，宽 7～15cm。聚伞花序，花冠白色，近高脚碟状。蓇葖 2 枚，长圆状披针形，被黄褐色绒毛。花期

5 ～ 7 月，果期 8 月至翌年 4 月。生于山地疏林及湿润山谷中。

云南狗牙花 Ervatamia yunnanensis Tsiang

常绿乔木。叶片椭圆状倒卵形或椭圆形，长 13 ～ 25cm，宽 5 ～ 8.5cm，端部短渐尖，基部楔形。聚伞花序伸长成为假伞房花序，花冠白色。蓇葖双生，线状圆筒形或长圆状披针形，端部具短喙。花期 5 ～ 6 月，果期 7 ～ 12 月。生于海拔 1000 ～ 1700m 的山地林中。

思茅山橙 Melodinus cochinchinensis (Loureiro) Merrill

木质藤本，具乳汁，花序有微柔毛。叶片椭圆状长圆形至披针形，长 6 ～ 19cm，宽 2.2 ～ 6.5cm，顶端急尖或渐尖，基部楔形，叶柄长 6 ～ 10cm。聚伞花序，花白色。浆果长椭圆形，长 9cm，直径 5cm，成熟时橙红色。花期 4 ～ 5 月，果期 9 ～ 11 月。生于海拔 760 ～ 2800m 的山地林中。

长节珠 Parameria laevigata (Juss.) Moldenke

木质藤本。叶片长圆状椭圆形、椭圆形或卵圆形，长 5 ～ 13cm，宽 2 ～ 5cm，顶端钝或渐尖，基部阔楔形或圆形，叶柄间及叶腋内具小腺体。花稠密，花片淡红色，后变白色。蓇葖双生，长节链珠状。花期 6 ～ 10 月，果期 10 月至翌年春季。生于海拔 800 ～ 1500m 的山地疏林中或山谷潮湿地。

帘子藤 Pottsia laxiflora (Bl.) O. Ktze.

常绿藤本，枝条无毛，具乳汁。叶片卵圆形、椭圆状卵圆形或卵圆状长圆形，长 6 ～ 12cm，宽 3 ～ 7cm，顶端具尾状，基部圆或浅心形，两面无毛。总状式聚伞花序多花，花冠紫红色或粉红色。蓇葖双生，线状长圆形。花期 4 ～ 8 月，果期 8 ～ 12 月。生于海拔 200 ～ 1600m 的山地疏林中或湿润的密林山谷中。

云南萝芙木 Rauvolfia yunnanensis Tsiang

常绿灌木。叶片椭圆形或披针状椭圆形，长 6 ～ 30cm，宽 1.5 ～ 9cm，先端长渐尖，基部楔形。聚伞花序，花稠密，花冠白色，中央膨大，花冠筒内面被长柔毛。核果红色，椭圆形。花期 3 ～ 12 月，果期 5 月至翌年春季。生于海拔 900 ～

云南狗牙花

思茅山橙

长节珠

帘子藤

云南萝芙木

1300m 的亚热带山地林下或山坡草丛。

云南倒吊笔 *Wrightia coccinea* (Roxb.) Sims

常绿乔木。叶片椭圆形至卵圆形，长 5 ～ 16cm，宽 3.5 ～ 7.5cm，顶端尾状渐尖，基部钝至急尖，无毛，侧脉 8 ～ 14 条，叶柄被微柔毛。花通常单生，花冠高脚碟状，红色。蓇葖 2 个黏生，圆柱形，长 14 ～ 20cm，无毛，具白色斑点。花期 1 ～ 5 月，果期 6 ～ 12 月。生于海拔 300 ～ 1800m 的山地密林中或杂木林中。

萝藦科 Asclepiadaceae

柳叶吊灯花 *Ceropegia salicifolia* H. Huber

多年生草质藤本。叶片披针形，长 6 ～ 15cm，宽 1 ～ 2.5cm，顶端尾状渐尖，基部宽楔形，中脉上下有微毛，边缘有缘毛，叶柄有两列毛，顶端有 10 个圆形腺体。聚伞花序，花冠暗红色，顶端膨胀。花期 6 月，果期 8 月。生于海拔 500m 的山林中。

大花醉魂藤 *Heterostemma grandiflorum* Cost

木质藤本。叶片卵圆形，长 7 ～ 19cm，宽 3.5 ～ 10.5cm，顶端钝，基部圆形，两面无毛，基脉 3 条，侧脉 3 ～ 4 条，叶柄顶端具丛生小腺体。花较大，花冠辐射。蓇葖双生，披针形，具纵条纹。花期 5 ～ 9 月，果期 10 ～ 12 月。生于山地疏林中或山谷潮湿地方。

长叶球兰 *Hoya kwangsiensis* Tsiang et P. T. Li

攀缘灌木，在树上生根，除花萼裂片有缘毛外，其余无毛。叶片薄肉质或革质，长披针形或披针状长圆形，长 8 ～ 17cm，宽 2 ～ 4cm，叶缘略为背卷，叶柄顶端具少数黑色腺体。花冠白色，辐状，副花冠裂片肉质，外角圆形。花期 8 月，果期 10 月。生于海拔 300m 的山谷中。

澜沧球兰 *Hoya lantsangensis* Tsiang et P. T. Li

半灌木，附生于树上。叶片肉质至近革质，倒三角形，顶端倒心形，长 2 ～ 3cm，宽 1.5 ～ 2.5cm，基部楔形，侧脉不明显，叶柄顶端具丛生腺体 2 ～ 3 个。花冠白色，圆筒状，两面被长硬毛。蓇葖单生，线状披针形。花期 7 月，果期 10 月。生于海拔 1000 ～ 1600m 的山地林中。

云南倒吊笔

柳叶吊灯花

大花醉魂藤

长叶球兰

澜沧球兰

暗消藤 *Streptocaulon juventas* (Loureiro) Merrill
木质藤本，具乳汁，枝条、叶、花梗、果实均密被棕黄色绒毛。叶片倒卵形至阔椭圆形，长7～15cm，宽3～7cm，中部以上较宽，顶端急尖或钝，具小尖头，基部浅心形。花冠外面黄绿色，内面黄红色。蓇葖双生，外果皮密被绒毛。花期6～10月，果期8月至翌年3月。生于山野坡地、山谷疏林中或路旁灌木丛中。

毛弓果藤 *Toxocarpus villosus* (Bl.) Decne.
攀缘灌木，具乳汁，小枝被毛。叶片卵形至椭圆状长圆形，长5～11.5cm，宽2～6cm，叶面除中脉外无毛，叶背被锈色长柔毛。聚伞花序，花冠黄色。蓇葖近圆柱状，外果皮被锈色绒毛。花期4月，果期6月。生于海拔1500m以下的山地密林中。

茜草科 Rubiaceae

阔叶丰花草 *Borreria latifolia* (Aubl.) K. Schum.
披散、粗壮草本，被毛。叶片椭圆形或卵状长圆形，长2～7.5cm，宽1～4cm，顶端锐尖或钝，基部阔楔形而下延。花数朵丛生于托叶鞘内，无梗，花冠漏斗形，浅紫色。蒴果椭圆形。花期7月，果期10～11月。生于海拔650～1260m的林下、荒草地、园内、田边、河滩，原产南美洲。

猪肚木 *Canthium horridum* Blume
落叶灌木，具刺，小枝被紧贴土黄色柔毛。叶片卵形、椭圆形或长卵形，长2～5cm，宽1～2cm，顶端钝、急尖或近渐尖，基部圆或阔楔形。花小，花冠白色，近瓮形。核果卵形，单生或孪生。花期4～6月，果期5～12月。生于海拔540～1600m处的丘陵、平地疏林或灌丛中。

弯管花 *Chassalia curviflora* Thwaites
小灌木，全株被毛。叶片长圆状椭圆形或倒披针形，长10～20cm，宽2.5～7cm，顶端渐尖或长渐尖，基部楔形，边全缘。聚伞花序带紫红色，花冠管弯曲。核果扁球形，平滑或分核间有浅沟。花期春夏，果期8～10月。生于海拔50～1800m的山谷溪边林中。

云南狗骨柴 *Diplospora mollissima* Hutch.

常绿乔木，小枝被绒毛。叶片长圆形或长圆状披针形，长 5～24cm，宽 2～7.5cm，先端渐尖或短尖，基部钝圆尖或楔形，全缘，叶面中脉被短柔毛，背面被绒毛。花具很短的花梗，组成聚伞花序，花冠白色，雄蕊伸出。果近球形，成熟时红色，常有短柔毛。花期 5～6 月，果期 6～12月。生于海拔 600～2000m 的山谷或溪边的林中或灌丛中。

爱地草 *Geophila herbacea* (Jacq.) K. Schum.

多年生匍匐草本。叶片心状圆形至近圆形，宽 1～3cm，顶端圆，基部心形，两面近无毛，叶脉掌状，5～8 条，叶柄被伸展柔毛。伞形花序，花冠管狭圆筒状。核果球形，红色。花期 6～9 月，果期 8～12 月。生于海拔 500～1300m 的山谷溪边林下、林缘、路旁、溪边等潮湿地。

头状花耳草 *Hedyotis capitellata* Wall.

高大藤状草本，全株无毛。叶片卵形或椭圆状披针形，长 4～10cm，宽 1.5～3cm，顶端长渐尖，基部楔形。花序通常顶生，花 4 数，花冠白色，管形。蒴果球形。花期 5 月，果期 12 月至翌年 3月。生于海拔 1500～2200m 的山坡常绿阔叶林中或灌丛中。

白花蛇舌草 *Hedyotis diffusa* Willd.

一年生草本。叶片线形，长 1～3cm，宽 1～3mm，顶端短尖，中脉在叶面下陷，侧脉不明显。花单生或双生于叶腋，萼管球形，萼檐顶部具缘毛，花冠白色，管形。蒴果扁球形。花果期 5～10 月。生于海拔 950～1550m 的草坡、溪边、田边或旷野湿地。

攀茎耳草 *Hedyotis scandens* Roxb.

藤状灌木，除花外其余各部无毛。叶片长圆状披针形或狭椭圆形，长 5～12.5cm，宽 3～4cm，顶端长渐尖，基部楔形。聚伞花序排成扩展的圆锥花序，花冠白色或黄色，管形。蒴果扁球形，顶部隆起。花期 2～10 月，果期 9 月至翌年 4 月。生于海拔 840～2800m 的疏林内或山谷湿润土壤上。

龙船花 *Ixora chinensis* Lam.

灌木，无毛。叶片披针形、长圆状披针形至长圆状倒披针形，长 6～13cm，宽 3～4cm，顶端钝或圆形，基部短尖或圆形，中脉在叶面扁平或略凹入，在背面凸起。花序顶生，花冠红色或红黄色。果近球形，成熟时红黑色。花期 4～11 月，果期 8～10 月。栽培于海拔 650～1300m 的园地或路边。

白花龙船花 *Ixora henryi* Levl.

灌木。叶片长圆形或披针形，长 5～15cm，宽 1.5～4cm，顶端长渐尖，基部楔形，托叶基部阔，近顶部骤然收狭成芒尖。花序顶生，多花，花冠白色，盛开时冠管长 2.5～3cm。果球形，顶部有宿存萼片。花期 8～12 月，果期翌年 1～4 月。生于海拔 650～2000m 的山谷溪边的林中或灌丛中。

斜基粗叶木 *Lasianthus attenuatus* Jack

灌木，除花冠外密被多细胞长硬毛或长柔毛。叶片椭圆状卵形或长圆状卵形，长 5～12cm，宽 2.5～5cm，顶端骤然渐尖，基部心形，两侧明显不对称，全缘，中脉密被毛。花无梗，花冠白色，近漏斗形。核果近球形，成熟时蓝色。花期秋季，果期 11～12 月。生于海拔 200～1800m 的林中。

滇丁香 *Luculia pinceana* Hook.

灌木或乔木。叶片长圆形、长圆状披针形或广椭圆形，长 5～22cm，宽 2～8cm，先端短渐尖或尾状渐尖，基部楔形或渐狭，全缘，叶柄长 1～3.5cm。伞房状的聚伞花序顶生，多花，花美丽，芳香，花冠红色，少为白色，高脚碟状。蒴果近圆筒形或倒卵状长圆形，有棱。花果期 3～11 月。生于海拔 800～2800m 的山坡、山谷溪边的林中或灌丛中。

多毛玉叶金花 *Mussaenda mollissima* C. Y. Wu ex Hsue et H. Wu

灌木，密被淡黄色绒毛。叶片椭圆形、广椭圆形或广卵形，长 8～11cm，宽 4～7.2cm，顶端短尖，基部楔形或近圆形，两面均密被淡黄色绒毛，托叶深 2 裂。聚伞花序密被绒毛，花叶广倒卵形，两面密被绒毛，花冠橙黄色。浆果椭圆形。花期 5 月，果期 6 月。生于海拔 550～1500m 的林缘、路边。

腺萼木 *Mycetia glandulosa* Craib

灌木。叶片倒披针形、长圆状倒披针形或狭披针形，常镰状弯曲，两侧常稍不等，长 11 ～ 20cm，宽 2.8 ～ 5.5cm，先端渐尖，基部楔状渐狭，侧脉两面明显。聚伞花序，花冠黄色，狭管状。果近球形，顶部冠以宿存萼裂片。花期夏季，果期秋季。生于海拔 540 ～ 1650m 的山谷溪边林中。

毛腺萼木 *Mycetia hirta* Hutchins.

灌木。叶片长圆状椭圆形或阔披针形，同一节上的叶常稍不等大，长 8 ～ 25cm，宽 3.5 ～ 9cm，顶端长渐尖，基部阔楔尖，叶面被紧贴刚毛状长毛，背面被皱卷柔毛。聚伞花序，萼管球状钟形，花萼裂片边缘具腺体或撕裂状，花冠黄色，狭管状，冠管圆筒状。蒴果近球形，成熟时白色。花期 6 ～ 7 月，果期 9 ～ 12 月。生于海拔 100 ～ 2200m 的山谷溪边林中。

大果蛇根草 *Ophiorrhiza wallichii* Hook. f.

草本。叶对生，卵形、近披针形或长圆形，两侧不对称，同一节上的叶不等大，长 3 ～ 14cm，宽 2 ～ 4.5cm，先端常骤尖，基部近楔形，常稍下延，全缘或浅波状，两面近无毛，叶柄长 1 ～ 3cm。花序顶生，常多花，花冠淡红色，高脚碟状，冠管长 23 ～ 25mm，花冠裂片 5。蒴果大，僧帽状。花期 4 ～ 6 月，果期 5 ～ 12 月。生于海拔 780 ～ 1800m 处的山谷林下。

糙叶大沙叶 *Pavetta scabrifolia* Bremek.

灌木。叶片披针形，长 13 ～ 16cm，宽 3.2 ～ 4.4cm，先端渐尖，基部楔形，叶面近无毛，背面粗糙，托叶阔三角形，腋内有绢状绒毛。花枝仅具 1 长节，花序为松散的伞房花序式，花白色。浆果球形，顶部有宿存的萼檐。花期 5 ～ 7 月，果期 7 ～ 9 月。生于海拔 1180 ～ 2200m 的山谷溪边林中、林缘或灌丛中。

裂果金花 *Schizomussaenda dehiscens* (Craib) Li

大灌木。叶片倒披针形、长圆状倒披针形或卵状披针形，长 10 ～ 20cm，宽 2.5 ～ 6cm，顶端渐尖或短尖，基部楔形，两面被疏散硬毛。穗形蝎尾状聚伞花序顶生，花叶卵状披针形，花冠管外面被黄褐色贴伏硬毛。蒴果倒卵圆形。花期 5 ～ 10

月，果期7～12月。生于海拔130～1300m的山顶、山坡、山谷、溪边的林中或灌丛中。

岭罗麦 *Tarennoidea wallichii* (Hook. f.) Tirveng. et C. Sastre

常绿乔木。叶片长圆形、倒披针状长圆形或椭圆状披针形，长7～30cm，宽2.2～9cm，顶端阔短尖或渐尖，尖端常钝，基部楔形。圆锥状花序疏散而多花，花冠黄色或白色。浆果球形。花期3～6月，果期7月至翌年2月。生于海拔600～2200m的丘陵、山坡、山谷溪边的林中或灌丛中。

平滑钩藤 *Uncaria laevigata* Wall. ex G. Don

藤本。叶片椭圆形或长圆形，长10～12cm，宽4～6cm，顶端渐尖，基部钝圆或楔形，两面均无毛，侧脉4～7对。头状花序单生叶腋或成聚伞状排列，花柱伸出冠喉外。花果期5～11月。生于海拔500～1540m的山谷溪边林中。

攀茎钩藤 *Uncaria scandens* (Smith) Hutchins.

大藤本，密被锈色短柔毛。叶片卵形、卵状长圆形、椭圆形或椭圆状长圆形，长10～15cm，宽5～7cm，顶端短尖至渐尖，基部钝圆至近心形全缘，两面被糙伏毛。头状花序单生叶腋，花冠淡黄色。花期夏季，果期5～10月。生于海拔350～1900m的山谷溪边林中。

红皮水锦树 *Wendlandia tinctoria* (Roxb.) DC. subsp. *intermedia* (How) W. C. Chen

乔木。叶片长圆状披针形、椭圆状卵形或倒卵形，长7～14cm，宽3～6.5cm，顶端渐尖，两面无毛，叶柄长1.3～2cm，托叶三角形，顶端骤尖。圆锥花序大，密被绒毛，花冠白色，管状。果球形，无毛。花期3～5月，果期4～10月。生于海拔1000～1550m的山谷林中或灌丛中。

滇南九节 *Psychotria henryi* Lévl.

灌木。叶对生，椭圆形或长圆状倒披针形，长4～14cm，宽1.5～4.5cm，先端短尖或渐尖，基部楔形，两面无毛，叶柄长0.4～2cm，托叶先端2裂，裂片线状披针形。聚伞花序顶生或腋生，紧密，有花约10朵，花冠白色。果卵形或球形，红色，有纵棱，顶冠以宿存萼。花期5～6月，

果期 8 月至翌年 2 月。生于海拔 600 ～ 1320m 处
的山谷林中、林缘或灌丛中。

云南九节 *Psychotria yunnanensis* Hutch.
灌木。叶对生，倒卵状长圆形、椭圆形、卵状长
圆形或倒披针形，长 9 ～ 30.5cm，宽 3 ～ 11cm，
先端渐尖或短尖，基部楔形，两面无毛，叶柄长
1 ～ 5.5cm。圆锥状的聚伞花序顶生或腋生，花冠
白色，冠管喉部有白色长柔毛。核果长圆状椭圆
形，有纵棱，顶冠以宿存萼。花期 4 ～ 12 月，果
期 7 ～ 12 月。生于海拔 800 ～ 2300m 的山谷溪
边林中或林缘。

香茜科 Carlemanniaceae

香茜 *Carlemannia tetragona* Hook. f.
草本。叶片卵状椭圆形、椭圆形至披针形，长
4 ～ 18cm，宽 2.5 ～ 11.5cm，先端锐尖至近渐尖，
基部楔形而两侧不相等，边缘有圆齿状锯齿，两
面疏生白色短糙毛，叶柄长 1 ～ 9cm。伞房花序，
花冠白色，喉部黄色。蒴果顶端极收缩，呈四角形。
花期 6 ～ 9 月，果期 10 月至翌年 2 月。生于海拔
800 ～ 1500m 的林下。

蜘蛛花 *Silvianthus bracteatus* Hook. f.
灌木。叶片椭圆形，长 17 ～ 25cm，宽 7.5 ～ 10.5cm，
顶端短渐尖，基部楔状，下延至叶柄，边缘有波
状牙齿，两面无毛，叶柄长 2 ～ 7cm。聚伞花序，
多花密集呈近头状，花萼裂片叶状，花冠白色，
漏斗状钟形。蒴果半球形，近肉质。花期春夏，
果期秋冬。生于海拔 700 ～ 900m 的林下。

忍冬科 Caprifoliaceae

水红木 *Viburnum cylindricum* Buch.-Ham. ex D.
Don
常绿乔木。叶片椭圆形，长 6 ～ 16cm，宽 3 ～ 5cm，
顶端渐尖或急渐尖，基部渐狭至圆形，全缘或
中上部疏生少数不整齐浅齿，无毛，叶柄长
1 ～ 3.5cm。聚伞花序伞形式，花冠白色，钟状。
核果卵状球形，先红后蓝黑。花期 6 ～ 7 月，果
熟期 8 ～ 10 月。生于海拔 500 ～ 3200m 的阳坡
常绿阔叶林或灌丛中。

珍珠荚蒾 *Viburnum foetidum* Wall. var. *ceanothoides* (C. H. Wright) Hand.-Mazz.

落叶灌木。叶片长圆状菱形，长 3 ～ 6.5cm，宽 1.5 ～ 2.5cm，全缘或中部以上有少数不规则浅齿，离基三出脉，叶柄长 0.5 ～ 1cm。花序聚伞状复伞形，花白色，果实红色。花期 5 ～ 7 月，果熟期 10 ～ 12 月。生于海拔 600 ～ 2400m 山坡林中或灌丛中。

菊科 Compositae

下田菊 *Adenostemma lavenia* (L.) O. Kuntze

一年生草本。茎叶较大，长椭圆状披针形，长 3 ～ 17cm，宽 2 ～ 12cm，顶端急尖或钝，基部宽或狭楔形，叶柄有狭翼，边缘有圆锯齿，叶两面有短柔毛，叶柄长 0.5 ～ 6cm。头状花序排列成圆锥状花序，总苞片绿色，花冠白色。瘦果倒披针形。花果期 7 ～ 11 月。生于海拔 380 ～ 3000m 的水边、路旁、柳林沼泽地、林下及山坡灌丛中。

破坏草 *Eupatorium coelestinum* L.

多年生草本，茎及叶柄紫红色。叶片三角状卵形、菱状卵形、菱状三角形或近三角形，长 4 ～ 10cm，宽 2 ～ 7cm，先端急尖至渐尖，基部楔形、宽楔形或稀截平，边缘具圆锯齿，两面疏生短腺毛，基出脉 3 条，叶柄长 2 ～ 5cm。头状花序，花冠白色。花果期 2 ～ 5 月。原产墨西哥，在海拔 950 ～ 2200m 的各种生境下常见。

藿香蓟 *Ageratum conyzoides* L.

一年生草本，茎枝被长绒毛。茎叶卵形或椭圆形或长圆形，长 3 ～ 8cm，宽 2 ～ 5cm，基出三脉，顶端急尖，边缘圆锯齿，两面被短柔毛且有黄色腺点，叶柄长 2 ～ 3.5cm。头状花序，花冠通常白色，有时淡红色、蓝紫色或紫色。花果期全年。生于海拔 100 ～ 1800m 的林下、林缘、灌丛、山坡草地、河边、路旁或田边荒地，原产中南美洲。

珠光香青 *Anaphalis margaritacea* (L.) Benth. et Hook. f.

多年生草本，茎被灰白色绵毛。中部叶开展，线

形或线状披针形，长 4 ～ 9cm，宽 4 ～ 8mm，基部稍狭或急狭，上部叶渐小，被蛛丝状毛，背面被灰白色至红褐色厚绵毛。头状花序在茎和枝端排列成复伞房状。瘦果长椭圆形。花果期 7 ～ 11 月。生于海拔 1200 ～ 3000m 的林下、林缘、灌丛中。

千头艾纳香 *Blumea lanceolaria* (Roxb.) Druce
多年生高大草本或亚灌木。茎生叶多数，下部叶片倒披针形、长圆状倒披针形或稀椭圆形，先端短渐尖或急尖，基部狭楔形并下延，边缘上部具疏离的锯齿。头状花序多数于茎、枝顶排成大圆锥状花序，总苞片紫红色，花多数，花冠黄色。瘦果圆柱形，被白色微毛。花果期 1 ～ 4 月。生于海拔 420 ～ 1400m 的灌丛中、山坡草地或沟边、路边。

飞机草 *Chromolaena odorata* (L.) R. M. King et H. Rob.
多年生高大草本。叶片卵形、三角形或卵状三角形，长 4 ～ 12cm，宽 2 ～ 6cm，两面粗涩，被长柔毛及红棕色腺点，基出三脉，花序下部的叶常全缘。头状花序排成伞房状花序，花白色或粉红色。花果期 4 ～ 12 月。原产美洲。生于海拔 1100m 以下的丘陵地、灌丛中及稀树草原上。

野茼蒿 *Crassocephalum crepidioides* (Benth.) S. Moore
直立草本。叶片椭圆形或长圆状椭圆形，长 7 ～ 12cm，宽 4 ～ 5cm，顶端渐尖，基部楔形，边缘具锯齿。头状花序数个在茎端排成伞房状，小花全部管状，两性，花冠红褐色或橙红色。花期 3 ～ 12 月，果期翌年 1 ～ 5 月。生于海拔 330 ～ 4000m 的山坡路旁、水边、灌丛中。

蓝花野茼蒿 *Crassocephalum rubens* (Jussieu ex Jacquin) S. Moore
多年生草本。叶互生，被疏柔毛，倒卵形、倒卵状披针形或椭圆形，长 5 ～ 15cm，宽 2 ～ 5cm，叶不分裂或琴状分裂，边缘有细齿。头状花序少数或单生，小花为管状花，蓝色。花期为 12 月至翌年 4 月，果期 1 ～ 5 月。在云南省南部及中部的路边荒地上比较常见（陈又生，2010）。

地胆草 *Elephantopus scaber* L.

多年生草本，茎密被白色贴生长硬毛。基部叶莲座状，叶片倒披针形或长圆状披针形，长6～20cm，宽2～4.5cm，边缘具圆齿状锯齿，叶面被疏长糙毛，背面密被长硬毛和腺点。头状花序多数，花淡紫色或粉红色。花果期9月至翌年2月。常生于海拔480～1750m的林下、林缘、灌丛下、山坡草地或村边、路旁。

木耳菜 *Gynura cusimbua* (D. Don) S. Moore

多年生草本。叶片倒卵形、长圆状披针形或椭圆形，长10～30cm，宽4～11cm，先端渐尖，基部渐狭，无柄，具抱茎的宽叶耳，边缘有尖锯齿，上部叶较小，披针形或长圆披针形。头状花序排列成圆锥状伞房花序，小花橙黄色，管状。瘦果圆柱形，冠毛白色。花期9～10月，果期11～12月。生于海拔1400～3400m的林下、山坡、路边。

羊耳菊 *Inula cappa* (Buch.-Ham.) DC.

亚灌木，全部被密绒毛。叶片长圆形，长10～16cm，宽3～6cm，先端钝或急尖，基部宽楔形或圆，边缘有浅齿。头状花序倒卵圆形，多数密集于茎和枝端成聚伞圆锥花序，中央的小花管状，冠毛污白色。瘦果长圆柱形，被白色长绢毛。花果期全年。生于海拔800～2800m的林下、林缘、灌丛下、草地、荒地或路边。

密花合耳菊 *Synotis cappa* (Buch.-Ham. ex D. Don) C. Jeffrey et Y. L. Chen

亚灌木，茎及叶柄被密绵毛。叶具柄，宽至狭倒卵状倒披针形或长圆状椭圆形，长10～28cm，宽4～8cm，顶端渐尖，基部楔状狭，边缘具锯齿，两面被密短柔毛。头状花序排成复伞房花序，舌状花及花冠黄色。花期9月至翌年1月，果期1～3月。生于海拔1080～3500m的林缘、灌丛、溪边及草地。

锯叶合耳菊 *Synotis nagensium* (C. B. Clarke) C. Jeffrey

亚灌木，茎密被白色及黄褐色绒毛。中部叶片倒卵状椭圆形、椭圆状披针形或椭圆形，长7～23cm，宽2.5～8.5cm，先端渐尖，基部楔形，

边缘具锯齿，叶面被蛛丝状绒毛及贴生短柔毛，背面密被绒毛。头状花序排列成圆锥状聚伞花序，管状花黄色。花果期 8 月至翌年 3 月。生于海拔 650～3900m 的林下、灌丛及山坡草地。

肿柄菊 *Tithonia diversifolia* A. Gray

一年生草本，茎被稠密的短柔毛。叶片卵形或卵状三角形或近圆形，长 5～20cm，宽 4～14cm，3～5 深裂，有长叶柄，裂片卵形或披针形，边缘有细锯齿，背面被尖状短柔毛，沿脉的毛较密，基出三脉，叶柄长 1～5cm。头状花序大，舌状片长卵形，与管状花皆为黄色。瘦果长椭圆形。花果期 9～12 月。原产墨西哥，在云南省南部作为入侵植物出现在林缘路边。

斑鸠菊 *Vernonia esculenta* Hemsl.

灌木或小乔木。枝及叶柄被灰色或灰褐色绒毛。叶具柄，长圆状披针形或披针形，长 7～24cm，宽 2～8.5cm，顶端尖或渐尖，基部楔尖，边缘具细齿，叶面稍粗糙，背面被灰色密短柔毛，叶柄长 0.5～2cm。头状花序多数，花淡红紫色。花果期 7 月至翌年 1 月。生于海拔 920～2300m 的林下、林缘、灌丛中或山坡路旁。

柳叶斑鸠菊 *Vernonia saligna* (Wall.) DC.

多年生草本。叶互生，叶片狭椭圆形、狭披针形至条状披针形，长 3～14（～18）cm，宽 1～5cm，先端急尖或稀渐尖，基部楔形，边缘具锐齿，两面被短糙毛和具腺点。头状花序，总苞片上部及外层紫红色，下部麦秆黄色，花冠紫红色、紫色或淡红色。花果期 6 月至翌年 1 月。生于海拔 720～1700（～2100）m 的疏林下、山坡灌丛、草地、路边和溪旁。

大叶斑鸠菊 *Vernonia volkameriifolia* (Wall.) DC.

灌木或小乔木。叶互生，叶片倒卵形、倒披针形或稀椭圆形，长 10～40cm，宽 4～15（～20）cm，先端急尖或稀钝，基部楔形，边缘具粗齿或呈波状，表面沿中脉疏被柔毛，背面被柔毛。大型复圆锥状花序，花冠管状，淡红色、紫红色或紫色。花果期 10 月至翌年 6 月。生于海拔 650～1800（～2800）m 的山谷林下、灌丛中或山坡、河沟边。

龙胆科 Gentianaceae

罗星草 *Canscora melastomacea* Hand.-Mazz.
一年生草本，全株光滑无毛。茎直立，绿色，几
四棱形。叶无柄，卵状披针形，长 1～1.5cm，
宽 0.4～0.6cm，先端钝或急尖，基部圆形或楔
形。复聚伞花序，花萼筒形，花冠白色，冠筒
筒状。蒴果内藏。花果期 11～12 月。生于海拔
380～1600m 的草坡、灌丛草坡及林缘。

滇龙胆草 *Gentiana rigescens* Franch. ex Hemsl.
多年生草本。茎生叶鳞片形，其余叶片卵状矩圆
形、倒卵形或卵形，长 1～4cm，宽 0.7～2cm，
先端钝圆，基部楔形。花簇生枝端呈头状，花冠
蓝紫色或蓝色，冠檐具多数深蓝色斑点。蒴果内
藏，椭圆形或椭圆状披针形。花期 7～9 月，果
期 10～12 月。生于海拔 1000～2800m 的山坡
草地、灌丛中及林下。

狭叶獐牙菜 *Swertia angustifolia* Buch.-Ham. ex
D. Don
一年生草本。茎四棱形，棱上有狭翅。叶无柄，
叶片披针形或披针状椭圆形，长 2～6cm，宽
0.3～1.2cm，两端渐狭。圆锥状复聚伞花序，花
萼绿色，花冠白色或淡黄绿色，裂片卵形或椭圆
形，中上部具紫色斑点，基部具 1 个腺窝。花果
期 8～9 月。生于海拔 150～3300m 的田边、草
坡、荒地。

桔梗科 Campanulaceae

金钱豹 *Campanumoea javanica* Bl.
缠绕草本。叶对生或互生，无毛，叶片卵状心形，
长 2.8～7cm，宽 1.5～5.8cm，边缘有浅钝齿，
叶柄长 1.4～4.8cm。花单生叶腋，花萼下位，花
冠上位，钟状，外面淡黄绿色，内面下部紫色。
浆果近球形，黑紫色。花果期 5～11 月。生于海
拔 400～1800(～2200)m 的山坡草地或灌丛中。

长叶轮钟草 *Campanumoea lancifolia* (Roxb.) Merr.
直立或蔓性草本，全株无毛。叶片卵形、卵状披
针形至披针形，长 6.5～15.5cm，宽 2.6～5.2cm，
顶端渐尖，基部圆，边缘具细尖齿。花通常单朵

顶生兼腋生，花萼裂片丝状，边缘有分枝状细长齿，花冠白色或淡红色，管状钟形。浆果球状，熟时紫黑色。花期 7～10 月，果期 8～10 月。生于海拔 400～1600m 的林中、灌丛中及草地中。

铜锤玉带草

半边莲科 Lobeliaceae

铜锤玉带草 *Pratia nummularia* (Lam.) A. Br. et Aschers.

匍匐草本。叶成 2 列生，卵圆形，或近圆形，肾状圆形，长 6～23mm，宽 5～20mm，基部近圆形至心形，边缘具锐尖三角形齿，两面被柔毛。花冠淡紫色或玫瑰红色，喉部黄色，下唇三裂片有紫斑。浆果椭圆形，紫色至深紫蓝色。花果期全年。生于海拔 500～2300m 的湿草地、溪沟边、田边地角草地。

塔花山梗菜

塔花山梗菜 *Lobelia pyramidalis* Wall.

亚灌木，无毛。茎生叶长圆形至披针形或狭披针形，先端锐尖或近渐尖，基部狭窄，边缘具硬质的细齿，长 7～14cm，宽 1.6～3cm，叶柄较短至无柄。总状花序密集，通常稍下弯，苞片狭披针形，萼裂片近线形，先端带紫色，花冠淡蓝色，或白稍带紫蓝色，或紫蓝色至紫色。蒴果椭圆形，膨大。花果期 1～5 月。生于海拔 1100～3000m 的山坡疏林或林缘、路边灌丛中、溪沟旁。

大齿红丝线

茄科 Solanaceae

大齿红丝线 *Lycianthes macrodon* (Wall.) Bitter

灌木。上部叶大小不相等，大叶片披针形至长椭圆状披针形，偏斜，长 4～8cm，宽 2～4cm，小叶近卵形，长 2～4cm，宽 1.3～1.5cm，先端急尖或渐尖，基部楔形，两种叶均膜质全缘。花序着生于叶腋内，通常 1～3 花，萼齿 10，花冠白色。浆果近球形。花期 6～8 月，果期秋冬。生于海拔 800～1700m 的沟边及林缘阳处。

水茄 *Solanum torvum* Swartz

灌木，全株多具星状毛。叶片卵形至椭圆形，长 6～12cm，宽 4～9cm，先端尖，基部心脏形或楔形，两边不相等，边缘半裂或作波状，有刺。

水茄

伞房花序，花白色。浆果黄色，圆球形。全年均开花结果。花果期全年。生于海拔 200 ～ 1650m 的热带地区的路旁、荒地、灌木丛中、沟谷及村庄附近等潮湿地方。

旋花科 Convolvulaceae

聚花白鹤藤 *Argyreia osyrensis* (Roth) Choisy

攀缘灌木，茎、叶背、叶柄及花序密被白色绒毛。叶片卵形或宽卵形至近圆形，长 6 ～ 12cm，宽 3.5 ～ 11cm，先端近锐尖，基部心形，叶面疏被具瘤状基部俯伏长柔毛，叶柄长 3 ～ 7.5cm。花密集成头状花序，花冠管状钟形，粉红色，雄蕊及花柱伸出。花期 9 ～ 12 月，果期翌年 1 ～ 3 月。生于海拔 220 ～ 1600m 的林下或灌丛中。

头花银背藤 *Argyreia capitata* (Vah.) Arn. ex Choisy

攀缘灌木，枝及叶被黄色开展的长硬毛。叶片卵形至圆形，长 8 ～ 12cm，宽 6 ～ 8cm，先端锐尖，基部近圆形，侧脉 8 ～ 12 对，叶柄长 3 ～ 5cm。头状花序，总花梗长 6 ～ 12cm，苞片及花萼被开展的长硬毛，花冠漏斗形，淡红色至紫色。果球形，橙红色，无毛。花期 10 ～ 12 月，果期翌年 3 ～ 5 月。生于海拔 125 ～ 1550m 的沟谷密林、疏林或灌丛中。

长梗山土瓜 *Merremia longipedunculata* (C. Y. Wu) R. C. Fang

攀缘植物。叶片心形，下部茎生叶较大，长达 15cm，宽约 14cm，顶端茎生叶较小，长 5 ～ 6cm，宽 4 ～ 5cm，顶端长渐尖，基部心形，边缘浅波状且具短缘毛，两面疏被微柔毛。聚伞花序无毛，花冠淡玫红色或白色，漏斗形。花果期 10 ～ 12 月。生于海拔 500 ～ 1000m 的旷地或山谷灌丛。

飞蛾藤 *Dinetus racemosus* (Wallich) Sweet

攀缘灌木，茎缠绕。叶片卵形，长 6 ～ 11cm，宽 5 ～ 10cm，先端渐尖或尾状，具钝或锐尖的尖头，基部深心形，两面被紧贴疏柔毛，背面稍密，掌状脉基出，叶柄与叶片近等长。圆锥花序腋生，苞片叶状，花冠漏斗形，白色，5 裂至中部。花期 10 ～ 11 月，果期 12 月至翌年 2 月。生于海拔 850 ～ 3200m 的灌丛。

玄参科 Scrophulariaceae

毛麝香 *Adenosma glutinosum* (L.) Druce

直立草本，密被长柔毛和腺毛。叶片披针状卵形至宽卵形，长 2～12cm，宽 1～5cm，先端锐尖，基部楔形至截形或亚心形，边缘具不整齐的齿。花单生叶腋，花冠紫红色或蓝紫色，上唇卵圆形，下唇三裂。花果期 7～10 月。生于海拔300～2000m 的荒山坡、疏林下湿润处。

毛麝香

异色来江藤 *Brandisia discolor* Hook. f. et Thoms.

灌木，多少攀缘状，全体密被黄褐色星状绒毛。叶片卵状披针形至狭披针形，长 3～9cm，宽 1.5～4cm，顶端锐尖，基部楔形至近圆形，全缘。花单生于叶腋，萼钟形，花冠污黄色或带紫棕色，外面密被黄褐色短星毛，上唇直立，下唇裂片 3 枚。蒴果卵圆形。花期 10 月至翌年 2 月，果期 3～5月。生于海拔 600～1500m 的石灰岩山坡灌丛、沟谷湿处。

异色来江藤

来江藤 *Brandisia hancei* Hook. f.

小灌木，全体密被锈黄色星状绒毛。叶交互对生，叶片卵形或卵状披针形，长 3～9cm，宽 1～3cm，顶端披针锐尖，基部近心形，全缘。花单生于叶腋，花萼宽钟状，花冠橙红色。蒴果卵圆形，室背开裂，有短喙。花果期 3～4 月。生于海拔960～1698m 的林下、林缘、田边、公路旁。

来江藤

钟萼草 *Lindenbergia philippensis* (Cham. et Schlechtendal) Benth.

多年生直立草本，全体被多细胞腺毛。叶片卵形至卵状披针形，长 2～8cm，两端尖，边缘具尖齿。总状花序，顶生，花密集，花萼钟状，花冠黄色，下唇有紫斑，上唇短，下唇 3 裂。蒴果长卵形，密被棕色硬毛。花期 (3～)4～5 月，果期 6～7 月。生于海拔 1200～2600m 的山坡、岩缝、墙脚边。

钟萼草

野地钟萼草 *Lindenbergia ruderalis* (Vahl) O. Ktze.

一年生草本。叶片卵形，长 1～6cm，宽 0.7～3.5cm，基部楔形，端急尖或钝，边缘除基部外具细圆锯齿，两面被疏毛。花单生于叶腋，花冠黄色，上唇截形，下唇后半部有明显的褶襞。蒴果卵圆形。花期 5～9 月，果期 10 月。生于海

野地钟萼草

600 ～ 2650m 的路旁、河边或干山坡上。

单色蝴蝶草 *Torenia concolor* Osbeck

直立草本。叶片三角状卵形或长卵形，长 1 ～ 4cm，宽 0.8 ～ 2.5cm，边缘具圆锯齿，先端钝或急尖，基部截形，无毛。花单朵腋生或顶生，萼齿 2 枚，长三角形，先端渐尖，花冠紫红色或蓝紫色。花果期 5 ～ 11 月。生于海拔 890 ～ 2070m 的山坡林缘及灌丛中。

列当科 Orobanchaceae

野菰 *Aeginetia indica* L.

一年生寄生草本。叶鳞片状，卵状披针形或披针形，长 5 ～ 10mm，宽 3 ～ 4mm，两面光滑无毛。花常单生茎顶，常有紫红色条纹，花萼一侧裂开至近基部，紫红色、黄色或黄白色，具紫红色条纹。蒴果圆锥形或长卵球形，2 瓣开裂。花期 4 ～ 8 月，果期 8 ～ 11 月。生于海拔（50 ～）500 ～ 2100m 的林中或草坡荒地上。

苦苣苔科 Gesneriaceae

矮芒毛苣苔 *Aeschynanthus humilis* Hemsl.

附生小灌木。叶对生或 3 枚轮生，长圆状倒披针形、长圆形、匙形，长 1.5 ～ 3.8cm，宽 0.7 ～ 1.3cm，顶端圆形或钝，基部渐狭或宽楔形，全缘。花 1 ～ 3 朵簇生茎顶端叶腋，花萼常带红紫色，花冠红色。花期 9 ～ 10 月，果期 12 月。生于海拔 1600 ～ 2400m 的山谷林中树上。

大花芒毛苣苔 *Aeschynanthus mimetes* Burtt

附生小灌木。叶形变化大，长圆形、长圆状披针形、椭圆形，长 6.5 ～ 18cm，宽 2 ～ 5cm，顶端渐尖，基部楔形。花数朵簇生茎或短枝顶端，花冠橘红色，裂片中央有暗紫色斑。蒴果线形，无毛。花期 6 ～ 9 月，果期 9 ～ 11 月。生于海拔 1000 ～ 1900m 的山地林中树上。

大叶唇柱苣苔 *Chirita macrophylla* Wall.

多年生草本。基生叶 2 枚，叶片卵形或椭圆形，长 9 ～ 17cm，宽 5.5 ～ 13cm，先端渐尖，基部斜心形，边缘有小牙齿，叶面被短柔毛，背面有

锈色柔毛，叶柄长达 7cm。花序腋生或顶生，具2～4 花，花冠白色。蒴果线形。花期 6～8 月，果期 9～11 月。生于海拔 1700～2850m 的山地林下石上。

斑叶唇柱苣苔 Chirita pumila D. Don

一年生草本。叶不等大，有紫色斑，狭卵形、斜椭圆形或卵形，长 2～12cm，宽 1.5～6.5cm，顶端急尖或渐尖，基部斜圆形或斜宽楔形，边缘有小牙齿，两面均被短柔毛，叶柄长 0.5～2cm。花序腋生，花萼漏斗状钟形，花冠淡紫色。花期 7～9 月，果期 9～11 月。生于海拔 1000～2500m 的山地林中、沟边或岩石上。

斑叶唇柱苣苔

盾座苣苔 Epithema carnosum (G. Don) Benth.

小草本，被短柔毛。茎上部叶 2 枚对生，椭圆状卵形、心状卵形或近心形，长 5～13cm，宽3～13cm，先端钝，基部心形，边缘有波状小齿。多数密集的花，花冠淡红色、淡紫色或白色。蒴果球形。花期 7～8 月，果期 9～10 月。生于海拔 700～1500m 的山坡湿草地或沟边或林下岩石上。

盾座苣苔

全唇尖舌苣苔 Rhynchoglossum obliquum Bl. var. hologlossum (Hayata) W. T. Wang

一年生草本。叶片斜椭圆状卵形或斜椭圆形，长3.5～12cm，宽 2.6～5.5cm，先端渐尖，基部一侧半心形，一侧楔形，全缘，侧脉 5～8 条，叶柄长 0.5～4cm。顶生花序，苞片与花萼带蓝色，花冠蓝紫色，二唇形。花期 8～9 月，果期10～11 月。生于海拔 1300～2300m 的林下或林缘的石上和溪边。

全唇尖舌苣苔

紫葳科 Bignoniaceae

西南猫尾木 Dolichandrone stipulata (Wall.) Benth.

乔木，密被黄褐色短柔毛。奇数羽状复叶，小叶 7～11 枚，长椭圆形至椭圆状卵形，长12～19cm，宽 4～8cm，两面近无毛，全缘。总状聚伞花序，有花 4～10 朵，花冠黄白色，花丝紫色。种子长椭圆形。花期 9～12 月，果期 2～3 月。生于海拔 348～1700m 的密林或疏林中。

西南猫尾木

小萼菜豆树 *Radermachera microcalyx* C. Y. Wu et W. C. Yin

乔木。1 回羽状复叶，小叶 5～7 枚，卵状长椭圆形至卵形，长 11～26cm，宽 4～6cm，顶端短尖，基部阔楔形至近圆形，偏斜，全缘，两面均无毛。聚伞状圆锥花序顶生，花萼钟状，花冠筒淡黄色。蒴果细长下垂。花期 1～3 月，果期 4～12 月。生于海拔 340～1570m 的山谷疏林中。

爵床科 Acanthaceae

假杜鹃 *Barleria cristata* L.

小灌木。叶片椭圆形、长椭圆形或卵形，长 3～10cm，宽 1.3～4cm，先端急尖，有时有渐尖头，基部楔形，两面被长柔毛，全缘。叶腋内通常着生 2 朵花，花冠蓝紫色，二唇形。蒴果长圆形。花期 11～12 月，果期翌年 1～3 月。生于海拔 700～1100m 的山坡、路旁或疏林下阴处。

色萼花 *Chroesthes lanceolata* (T. Anders.) B. Hansen

灌木。叶不等大，叶柄长 1～2.5cm，叶片倒披针形或披针形，长 10～16cm，宽 3～4cm，先端稍长渐尖，基狭楔形，全缘，两面无毛。聚伞圆锥呈穗状花序，花对生或 2～3 朵聚成聚伞花序，花冠二唇形，白色，带粉红色至紫色的点，外被长柔毛。蒴果具圆形，顶端稍被微柔毛或光滑。花期 2～3 月，果期 4～5 月。生于海拔（200～）850～1400m 的林下。

野靛棵 *Mananthes patentiflora* (Hemsl.) Bremek.

多年生草本，节膨大。叶片卵形至矩圆状披针形，长 16～26cm，宽 7.5～9.5cm，顶端渐尖，基部急尖，向下变狭，叶柄长 2～6cm。穗状花序，花冠白色有紫红色斑纹。蒴果倒披针形，下部实心似柄状。花期 1～3 月，果期 4～5 月。生于海拔 500～800（～2400）m 的林内或沟谷溪旁。

蛇根叶 *Ophiorrhiziphyllon macrobotryum* Kurz

草本，茎被棕色柔毛。叶对生，叶柄长 3～8cm，叶片长卵形、长椭圆形或披针形，长（8）15～17cm，宽（2）5～7cm，先端急尖，基部急尖或

小萼菜豆树

假杜鹃

色萼花

野靛棵

近圆形，除背面脉上两面无毛。总状花序顶生，总梗基部有 2 小叶形苞片，花梗基部着生一苞片，花冠黄白色，二唇形。蒴果长圆形，2 片裂。花期 2 ～ 3 月，果期 4 ～ 5 月。生于海拔 170 ～ 1250m 的密林中、水沟边潮湿处。

九头狮子草 *Peristrophe japonica* (Thunb.) Bremek.
草本，高 20 ～ 50cm。叶片卵状矩圆形，长 5 ～ 12cm，宽 2.5 ～ 4cm，顶端渐尖或尾尖，基部钝或急尖。花序顶生或腋生，由 2 ～ 8 聚伞花序组成，花序下有 2 枚大小不一的总苞片，花冠粉红色至微紫色，二唇形。花期 2 ～ 3 月，果期 4 ～ 6 月。生于海拔 1200 ～ 1700m 的路边、草地或林下。

火焰花 *Phlogacanthus curviflorus* (Wall.) Nees
灌木。叶片椭圆形至矩圆形，长 12 ～ 30cm，宽 9 ～ 15cm，顶端尖至渐尖，基部宽楔形，下延，叶柄长 1.5 ～ 5cm，叶面光滑无毛，背面被微毛，脉上毛较密而明显。聚伞圆锥花序穗状，顶生，花冠紫红色，花冠管略向下弯，冠檐二唇形。蒴果圆柱形。花期 12 月至翌年 2 月，果期 3 ～ 5 月。生于海拔 400 ～ 1600m 的林下。

毛脉火焰花 *Phlogacanthus pubinervius* T. Anders.
灌木或小乔木。叶片椭圆状长圆形至长圆形，长（5 ～）8 ～ 18cm，宽（1 ～）3.5 ～ 5cm，先端渐尖至长渐尖，边缘多少具浅波，叶面粗糙，背面沿脉被疏毛。聚伞花序腋生，具 1 ～ 4 花，花萼 5 裂，裂片线状披针形，花冠橙黄色，略呈二唇形，花冠管略弯，上唇 2 裂，下唇 3 深裂。蒴果圆柱形，近棒状。花期 3 ～ 4 月，果期 5 月。生于海拔 900 ～ 1500m 的混交林下、灌丛中。

云南山壳骨 *Pseuderanthemum gracilifiorum* (Nees) Ridley
灌木。叶片卵状椭圆形至矩圆状披针形，长 5 ～ 15cm，宽 3 ～ 5.5cm，顶端尖至渐尖，基部楔形至宽楔形，边全缘，叶面疏被微毛，背面脉上毛较密而明显。花序穗状，密集，花冠白色或淡紫色，高脚碟状。蒴果上部 4 粒种子，下部实心似柄状。花期 3 ～ 4 月，果期 5 月。生于林下或灌丛中。

蛇粮叶

九头狮子草

火焰花

毛脉火焰花

云南山壳骨

爵床 *Rostellularia procumbens* (L.) Nees

草本，高 20～50cm。叶片椭圆形至椭圆状长圆形，长 1.5～3.5cm，宽 1.3～2cm，先端锐尖或钝，基部宽楔形或近圆形，两面及叶柄常被短硬毛。穗状花序顶生或生上部叶腋，花冠粉红色，二唇形。蒴果上部 4 粒种子，下部实心似柄状。花期 11 月至翌年 3 月，果期 4～5 月。生于海拔 2200～2400m 的山坡林间草丛中。

糯米香 *Semnostachya menglaensis* H. P. Tsui

草本。枝被短糙状毛。叶对生，常不等大，叶柄长达 2cm，被短糙状毛；叶片椭圆形、长椭圆形或卵形，长达 18.5cm，宽 6cm，先端急尖，基部楔形下延或偶有圆形，边缘具圆锯齿，两面疏被短糙状毛。穗状花序单生，苞片线状匙形，花冠新鲜时白色，干后粉红色或紫色。蒴果圆柱形，被短腺毛。花期 1～3 月，果期 4～5 月。生于海拔 200～1500m 的林边草地。

红花山牵牛 *Thunbergia coccinea* Wall.

攀缘灌木，茎具 9 棱。叶柄有沟，叶片宽卵形、卵形至披针形，长 8～15cm，宽 3.5～11cm，先端渐尖，基部圆或心形，边缘具波状或疏离的大齿，两面脉上被短柔毛，脉掌状 5～7 出，叶柄长 2～7cm。总状花序下垂，花冠红色，花冠管和喉间缢缩，冠檐裂片近圆形。蒴果无毛，喙长 1.5～2.3cm。花期 9～12 月，果期翌年 1～3 月。生于海拔 850～960m 的山地林中。

马鞭草科 Verbenaceae

木紫珠 *Callicarpa arborea* Roxb.

乔木，幼枝与花序、叶柄及叶背都密生黄褐色粉状分枝绒毛。叶片椭圆形或长椭圆形，长 15～35cm，宽 7～15cm，顶端渐尖，基部阔楔形，全缘。聚伞花序，花冠紫色或淡紫色，雄蕊伸出花冠外。果实成熟时紫褐色。花期 5～7 月，果期 8～10 月。生于海拔 150～1800m 的山坡疏林向阳处或灌丛中。

狭叶红紫珠 *Callicarpa rubella* Lindl. f. *angustata* Pei

灌木，小枝、叶背及花萼被星状毛与腺毛。叶片倒卵形或倒卵状椭圆形，长 8～14cm，宽 2～

爵床

糯米香

红花山牵牛

木紫珠

4cm，顶端尾尖或渐尖，基部心形，边缘具细锯齿，表面被单毛。聚伞花序，花冠紫红色、黄绿色或白色。果实紫红色。花期 5～7 月，果期 7～11 月。生于海拔 700～3500m 的林内或灌丛中。

腺茉莉 *Clerodendrum colebrookianum* Walp.

灌木。除叶片外都密被黄褐色微毛。叶片宽卵形或椭圆状心形，长 15～32cm，宽 9～19cm，顶端渐尖，基部截形或浅心形，全缘，基部三出脉，脉腋有盘状腺体，叶柄长 7～20cm。聚伞花序，花冠白色。果近球形，蓝绿色，宿存花萼紫红色。花期 8～10 月，果期 9～12 月。生于海拔 280～2100m 的山坡疏林、灌丛或路边。

圆锥大青 *Clerodendrum paniculatum* L.

灌木。叶片宽卵形或宽卵状圆形，长 5～17cm，宽 7.5～19cm，顶端渐尖，基部心形或肾形，近于戟状，边缘 3～7 浅裂呈角状，两面疏生短伏毛，背面密被盾状腺体，掌状脉，叶柄长 3～11cm。聚伞花序组成塔形圆锥花序，花冠红色，雄蕊与花柱均远伸出花冠外。花果期 4 月至翌年 2 月。生于较潮湿的地方，多为栽培。

臭茉莉 *Clerodendrum chinense* (Osbeck) Mabb. var. *simplex*

灌木。叶片宽卵形，长 9～16cm，宽 6.5～16cm，顶端渐尖，基部截形、宽楔形或浅心形，边缘疏生粗齿，叶面密被刚伏毛，背面密被柔毛，基部三出脉，脉腋有数个盘状腺体，叶柄长 3～17cm。聚伞花序密集，花与苞片较多，花冠红色、淡红色或白色，有香味。花期 3～11 月，果期 8～12 月。生于海拔 130～2000m 的山坡疏林、山谷灌丛或村旁路边。

三台花 *Clerodendrum serratum* (L.) Moon var. *amplexifolium* Moldenke

灌木。叶片三叶轮生，倒卵状长圆形或长椭圆形，长 13～30cm，宽 4.5～11cm，顶端渐尖或锐尖，基部楔形或下延成狭楔形，边缘具锯齿，两面疏生短柔毛，叶柄长 0.5～1cm。聚伞花序组成顶生的圆锥花序，苞片叶状宿存，花冠淡紫色、蓝色或白色，花丝伸出花冠外。核果近球形。花期 6～10 月，果期 9～12 月。生于海拔 630～1700m 的灌木林中。

云南石梓 *Gmelina arborea* Roxb.

落叶乔木，幼枝、叶柄、叶背及花序均密被黄褐色绒毛。叶片广卵形，长 9～22cm，宽 10～18cm，顶端渐尖，基部浅心形至阔楔形，近基部有盘状腺点，基生脉三出，叶柄 5～11cm。顶生圆锥花序，花冠黄色。核果椭圆形或倒卵状椭圆形。花期 3～4 月，果期 5～6 月。生于海拔 460～1300m 的路边、村舍及疏林中。

马鞭草 *Verbena officinalis* L.

多年生草本。叶片倒卵形或长圆状披针形，长 2～8cm，宽 1.5～4cm，边缘有粗锯齿和缺刻，茎生叶多数 3 深裂，两面均有硬毛。穗状花序，花冠淡紫至蓝色。花期 6～8 月，果期 7～10 月。常生长于海拔 350～2900m 的荒地上。

唇形科 Labiatae

异唇花 *Anisochilus pallidus* Wall. ex Benth.

一年生草本，茎及叶被贴生短柔毛。叶片卵状长圆形至长圆状披针形，长 5～13cm，宽 2～5cm，先端渐尖，基部楔形至近圆形，边缘具锯齿。花冠浅紫蓝色，冠筒细长，外露，中部下弯，喉部扩大，二唇形，上唇 3 裂，下唇延长，内凹。花期 10 月，果期 11～12 月。生于海拔 1200～1700m 的草坡及林缘。

角花 *Ceratanthus calcaratus* (Hemsl.) G. Taylor

多年生草本。叶片卵形至卵状长圆形，长 1.5～5cm，宽 0.5～2cm，先端渐尖或急尖，基部楔形，下延至柄，边缘具疏圆齿，纸质，叶面被贴生短硬毛，背面仅脉上被贴生短硬毛。轮伞花序 4～10 花，花冠蓝色，冠檐二唇形。小坚果近球形。花期 9～10 月，果期 10～11 月。生于海拔 800～1600m 的沟谷密林下。

羽萼木 *Colebrookea oppositifolia* Smith

灌木，茎、枝、叶及花序密被绵状绒毛。茎叶长圆状椭圆形，长 10～20cm，宽 3～7cm，先端长渐尖，基部宽楔形至近圆形，边缘具圆锯齿，叶面被微柔毛，背面灰白色，叶柄长 0.8～2.5cm。圆锥花序，花细小，白色。花期 1～3 月，果期 3～4 月。生于海拔 200～2200m 的干热地区的稀树乔

木林或灌丛中。

火把花 *Colquhounia coccinea* Wall. var. *mollis* (Schlecht.) Prain

灌木，枝与叶密被锈色星状毛。叶片卵圆形或卵状披针形，长 7～11cm，宽 2.5～4.5cm，先端渐尖，基部圆形，边缘有小圆齿。轮伞花序，花冠橙红色至朱红色。小坚果倒披针形。花期 8～11（12）月，果期 11 月至翌年 1 月。生于海拔 1450～3000m 的多石草坡及灌丛中。

火把花

秀丽火把花 - 细花变种 *Colquhounia elegans* Wall. var. *tenuiflora* (Hook. f.) Prain

攀缘灌木，植株各部被毛稀少。叶片椭圆形，长 4.5～8.5cm，宽 2～4cm，先端渐尖，基部宽楔形至近圆形，边缘具锯齿，聚伞花序组成腋生近头状或总状花序，多花，花冠细弱，红色。花期 11 月至翌年 2 月，果期 3～5 月。生于海拔 1120～1800m 的灌丛或杂木林下。

秀丽火把花 - 细花变种

四方蒿 *Elsholtzia blanda* Benth.

草本。茎、枝与叶密被短柔毛。叶片椭圆形至椭圆状披针形，长 3～15cm，宽 0.8～4cm，先端渐尖，基部狭楔形，边缘具锯齿，叶柄长 0.3～1.5cm。穗状花序偏向一侧，花冠白色，冠檐二唇形，上唇直立，先端微缺，下唇开展。花期 6～10 月，果期 10～12 月。生于海拔 800～2500m 的林中、沟边或路旁。

四方蒿

野草香 *Elsholtzia cypriani* (Pavol.) C. Y. Wu et S. Chow

草本，茎、枝绿色或紫红色，密被下弯短柔毛。叶片卵形至长圆形，长 2～6.5cm，宽 1～3cm，先端急尖，基部宽楔形，下延至叶柄，边缘具锯齿，叶柄长 0.2～2cm。穗状花序圆柱形，花冠紫色，外面被柔毛，冠檐二唇形。花果期 8～11 月。生于海拔 400～2900m 的路边、林中或河谷两岸。

野草香

野拔子 *Elsholtzia rugulosa* Hemsl.

草本，枝密被白色微柔毛。叶片卵形，椭圆形至近菱状卵形，长 2～7cm，宽 1～3cm，先端急尖或微钝，基部圆形至阔楔形，边缘具钝锯齿，

叶面被粗硬毛，背面密被灰白色绒毛，叶柄长
0.5～2.5cm。穗状花序，花冠白色，有时为紫或
淡黄色，冠檐二唇形。花果期10～12月。生于
海拔1300～2800m的山坡草地、旷地、路旁、
林中或灌丛中。

野拔子

木锥花 *Gomphostemma arbusculum* C. Y. Wu

灌木，茎、叶柄及花萼密被污黄色星状毡毛。
叶片长圆形或长圆状椭圆形至阔卵圆形，长
19～21cm，宽3～9cm，先端急尖至渐尖，基
部急尖或楔状渐狭，边缘具粗锯齿，两面被星状
短柔毛，叶柄长1～3cm。聚伞花序，花冠白或
浅紫色。花期4～7月，果期10月至翌年1月。
生于海拔700～2100m的沟谷灌丛中或溪边杂木
林下。

木锥花

小花锥花 *Gomphostemma parviflorum* Wall. ex Benth

草本，茎密被厚的灰色绒毛。叶片椭圆形至倒卵
状椭圆形，长14～24cm，宽5～11cm，先端钝
至急尖，基部偏斜的楔形，下延至叶柄，边缘具
小疏齿，草质，两面及叶柄具星状毛。聚伞花序，
花冠黄色，冠檐二唇形。花期6月，果期9月。
生于海拔840m的密林下荫处。

小花锥花

绣球防风 *Leucas ciliata* Benth.

草本，茎及叶柄密被金黄色长硬毛。叶片卵状披
针形或披针形，长6～9cm，宽1～3cm，先端
锐尖，基部宽楔形至近圆形，有浅锯齿，两面具
短柔毛，叶柄长0.6～1cm。多花密集呈球形，
花萼管状，花冠白色或紫色，上唇外面密被金黄
色长柔毛。花期7～10月，果期10～11月。生
于海拔500～2700m的路旁、溪边、灌丛或草地。

绣球防风

米团花 *Leucosceptrum canum* Smith

大灌木，新枝被浓密绒毛。叶片椭圆状披针形，
长10～23cm，宽5～9cm，先端渐尖，基部楔
形，边缘具锯齿，幼时两面密被星状绒毛及丛卷
毛，叶柄长1.5～3cm。圆柱状穗状花序，花冠
白色或粉红至紫红，筒状，花丝伸出花冠1倍或
更长。花期11月至翌年3月，果期2～5月。生
于海拔1000～1900m的干燥的开阔荒地、路边、
谷地溪边、林缘、小乔木灌丛中及石灰岩上。

米团花

滇南冠唇花 *Microtoena patchoulii* (C. B. Clarke) C. Y. Wu et Hsuan

直立草本。茎叶三角状卵圆形，长 2.5 ～ 9cm，宽 2 ～ 7.5cm，先端急尖状长尖，基部阔楔形至近心形，边缘具粗锯齿，两面及叶柄均被糙伏毛，叶柄长 1.5 ～ 4cm。花萼钟形，冠檐二唇形，上唇盔状，紫色或褐色。花期 10 月至翌年 2 月，果期 2 ～ 3 月。生于海拔 560 ～ 2000m 的林下或草坡上。

刺蕊草 *Pogostemon glaber* Benth.

直立草本。叶片卵圆形，长 6 ～ 13cm，宽 3 ～ 9cm，先端渐尖，基部楔形、宽楔形或近圆形，边缘具重锯齿，两面均被微柔毛，叶柄长 3 ～ 7cm。轮伞花序多花，组成连续或不连续的穗状花序，花冠白色或淡红色，雄蕊外露，伸出部分的中部被髯毛。花果期 11 月至翌年 3 月。生于海拔 1300 ～ 2700m 的山坡、路旁、荒地、山谷、林下等阴湿地。

疏花毛萼香茶菜 *Rabdosia eriocalyx* (Dunn) Hara var. *laxiflora* C. Y. Wu et H. W. Li

多年生草本，茎密被贴生微柔毛。叶片卵状椭圆形或卵状披针形，长 2.5 ～ 18cm，宽 0.8 ～ 6.5cm，先端渐尖，基部阔楔形，下延至叶柄上部，边缘具圆锯齿，两面脉上及叶柄上被微柔毛，叶柄长 0.6 ～ 5cm。穗状圆锥花序，花冠淡紫或紫色，冠筒基部具浅囊状突起。花期 7 ～ 11 月，果期 11 ～ 12 月。生于海拔约 1000m 的石灰岩山上林下。

线纹香茶菜 *Rabdosia lophanthoides* (Buch.-Ham. ex D. Don) Hara

多年生草本。茎叶卵形、阔卵形或长圆状卵形，长 1.5 ～ 8.8cm，宽 0.5 ～ 5.3cm，先端钝，基部楔形，圆形或阔楔形，边缘具圆齿，两面密被微硬毛，叶柄与叶片等长。圆锥花序，花冠白色或粉红色，具紫色斑点。花果期 8 ～ 12 月。生于海拔 500 ～ 2700m 的沼泽地上或林下潮湿处。

异色黄芩 *Scutellaria discolor* Wall. ex Benth.

多年生草本。叶片椭圆形、卵形或宽椭圆形，长 2 ～ 7.5cm，宽 1 ～ 4.8cm，先端浑圆或钝，基部心形，边缘具波状圆齿，叶面密被微柔毛，背面常带紫色，被短柔毛。花萼状，花冠蓝色，

基部膝曲状，冠檐二唇形，上唇盔状，先端微凹。花期 7～11 月，果实渐次成熟。生于海拔610～1800m 的山地林下、草坡、路边或溪边。

鸭跖草科 Commelinaceae

穿鞘花 *Amischotolype hispida* (Less. et A. Rich.) Hong

多年生草本。叶鞘密生褐黄色细长硬毛，叶片椭圆形，长 15～27cm，宽 3～6cm，顶端尾状，基部楔状渐狭成带翅的柄，两面近边缘处及背面主脉的下半端密生细长硬毛。头状花序大，萼片舟状，花瓣长圆形。花期 5～6 月，果期 11～12 月。生于海拔 1100～1700m 的林下及山谷溪边。

穿鞘花

节节草 *Commelina diffusa* Burm. f.

披散草本，茎为半攀缘状。叶片披针形或生于下部的卵形，长 3～6cm，宽 1～1.5cm，顶端急尖或渐尖，边缘粗糙，无毛或被稀柔毛，叶鞘上常有红色小斑点。佛焰苞折叠状，聚伞花序在苞片内 2 个，一般下部有花 1～3 朵，花瓣蓝色。花果期 7～11 月。生于海拔 200～2300m 的溪旁、山坡草地阴湿处及林下。

节节草

大苞鸭跖草 *Commelina paludosa* Bl.

多年生草本。叶无柄，叶片披针形至卵状披针形，长 10～16cm，宽 2～4.5cm，顶端渐尖，两面无毛，叶鞘在口沿及一侧密生棕色长刚毛。总苞片漏斗状，常数个在茎顶端集成头状，花瓣蓝色。花期 6～8 月，果期 9～12 月。生于海拔1000～2000m 的林下及山谷溪边。

大苞鸭跖草

宽叶水竹叶 *Murdannia japonica* (Thunb.) Foden

草本。叶片披针形至狭长圆形，长 6～13cm，宽2～4cm，边缘常有一条黄色的波状带，顶端渐尖，基生叶比茎生叶长，基部突然变细，叶鞘被毛。圆锥花序顶生，由数个蝎尾状聚伞花序组成，萼片舟状，花瓣紫色或蓝色。花期 5～6 月，果期 7～9月。生于海拔 680～1600m 的沟边及林下。

宽叶水竹叶

孔药花 *Porandra ramosa* Hong

多年生草本。茎攀缘，上部分枝。叶鞘初时被硬毛，后变无毛且为棕色，叶片椭圆形至披针形，

长 6 ～ 16（～ 19）cm，宽 2 ～ 4.5cm，基部圆钝
至宽楔形，顶端渐尖或尾状渐尖。头状花序有花
数朵，萼片龙骨状，花瓣粉红色。蒴果被长硬毛，
果萼宿存。花期 3 ～ 6 月，果期 8 ～ 11 月。生于
海拔 700 ～ 1800m 的沟谷或林下。

竹叶子 *Streptolirion volubile* Edgew.
多年生攀缘草本。叶片心状圆形，长 4 ～ 11cm，
宽 2.5 ～ 10.5cm，顶端常尾尖，基部深心形，叶
面被柔毛，叶鞘长 2 ～ 4cm，叶柄长 3 ～ 15cm。
蝎尾状聚伞花序集成圆锥状，总苞片叶状，花瓣
白色、淡紫色而后变白色，线形。花期 6 ～ 9 月，
果期 10 ～ 11 月。生于海拔 1100 ～ 3000m 的山
谷及密林下。

芭蕉科 Musaceae

树头芭蕉 *Musa wilsonii* Tutch.
高大草本。叶片长圆形，长 1.8 ～ 2.5m，宽 60 ～
80cm，基部心形，叶柄细而长，有张开的窄翼，
长 40 ～ 60cm。花序下垂，苞片外面紫黑色，被
白粉，花被片淡黄色。浆果圆柱形，成熟时深绿色。
花期 6 ～ 8 月，果期 9 ～ 11 月。生于海拔 2700m
以下沟谷潮湿肥沃土中。

姜科 Zingiberaceae

云南草蔻 *Alpinia blepharocalyx* K. Schum.
多年生草本。叶片披针形或倒披针形，长 40 ～
60cm，宽 5 ～ 15cm，顶端具短尖头，基部渐狭，
背面密被长柔毛，叶舌顶端有长柔毛。总状花序
下垂，小苞片内包 1 花蕾，花冠肉红色，喉部被
短柔毛，唇瓣红色。果椭圆形，被柔毛。花期 4 ～ 5
月，果期 6 ～ 11 月。生于海拔 400 ～ 1800m 的
林中阴湿处或林缘、山坡上。

光叶云南草蔻 *Alpinia blepharocalyx* K. Schum.
var. *glabrior* (Hand.-Mazz.) T. L. Wu
多年生草本。叶片披针形或倒披针形，顶端具短
尖头，基部渐狭，两面无毛。总状花序下垂，花
冠肉红色，花冠管喉部无毛，唇瓣卵形，红色。
果椭圆形，被毛。花期 3 ～ 7 月，果期 4 ～ 11 月。
生于海拔 350 ～ 1200m 的林中或灌丛中。

红豆蔻 Alpinia galanga (L.) Willd.

多年生草本，根茎块状。叶片长圆形或披针形，长 25～30cm，宽 6～10cm，顶端短尖或渐尖，基部渐狭，两面均无毛，叶舌近圆形。圆锥花序，花绿白色，萼筒状，侧生退化雄蕊紫色，唇瓣白色而有红线条。果长圆形，熟时棕色或枣红色。花期 5～6 月，果期 9～11 月。生于海拔 200～1300m 的山野沟谷阴湿林下或灌木丛中和草丛中。

长柄山姜 Alpinia kwangsiensis T. L. Wu et Senjen

多年生草本。叶片长圆状披针形，长 40～60cm，宽 8～16cm，顶端具旋卷的小尖头，基部渐狭或心形对称，叶面无毛，背面密被短柔毛。总状花序，小苞片壳状包卷，花萼淡紫色，花冠白色，花冠裂片边缘具缘毛，唇瓣白色，内染红。果圆球形，被疏长毛。花期 3～5 月，果期 6～9 月。生于海拔 580～1300m 的山谷中林下阴湿处。

宽唇山姜 Alpinia platychilus K. Schum.

多年生草本。叶片披针形，长约 60cm，宽 16cm，顶端急尖，基部渐狭，叶背被丝质长绒毛，近无柄，叶舌被黄色长柔毛。总状花序直立，花序轴被金黄色丝质绒毛，小苞片微红，花冠白色，唇瓣黄色染红。花期 4～5 月，果期 6～9 月。生于海拔 750～1600m 的林中湿润之处。

无毛砂仁 Amomum glabrum S. Q. Tong.

直立草本。叶片狭椭圆状披针形，长 25～55cm，宽 4～5cm，先端渐尖或尾尖，基部楔形，两面无毛，叶舌 2 裂，无毛，叶鞘具明显的纵条纹。穗状花序近倒卵形，苞片淡红色，小苞片管状白色，花白色，花萼管状。蒴果球形，具纵的波状翅。花期 4～6 月，果期 6～9 月。生于海拔 500～1300m 的林下阴湿处。

砂仁 Amomum villosum Lour.

多年生草本。中部叶片长披针形，长约 37cm，上部叶片线形，长约 25m，宽 3cm，顶端尾尖，基部近圆形。穗状花序椭圆形，花萼管白色，花冠管白色，唇瓣圆匙形，白色，顶端具 2 裂，黄色而染紫红。花期 5～6 月，果期 8～9 月。栽培或野生于山地阴湿处。

心叶凹唇姜 *Boesenbergia fallax* Loes.

多年生草本。叶片卵形，长15～35cm，宽6～15cm，绿色，顶端尾尖，基部心形。穗状花序单独由根茎发出，有花3～6朵，花粉红色，花萼一侧开裂，花冠管长达4cm，唇瓣倒卵状楔形。花期6～8月，果期9～12月。生于海拔1100～1900m的山地林下阴湿处。

心叶凹唇姜

莴笋花 *Costus lacerus* Gagnep.

多年生草本。叶片椭圆形或披针状长圆形，长23～35cm，宽6～13cm，顶端具短尖头，基部渐狭，叶面无毛，背面密被长绒毛，近无柄。穗状花序顶生，苞片长圆形，花粉红色，花冠管长1.5cm，唇瓣大，喇叭形，淡红色。蒴果椭圆形。花期5～7月，果期9～11月。生于海拔1100～2200m的林中阴湿处。

莴笋花

闭鞘姜 *Costus speciosus* (Koen.) Smith

多年生草本，顶部常分枝，旋卷。叶片长圆形或披针形，长15～20cm，宽6～10cm，顶端渐尖或尾状渐尖，基部近圆形，背面密被绢毛。穗状花序顶生，苞片、小苞片及花萼红色，花冠管短，白色或顶部红色，唇瓣纯白色，雄蕊花瓣状。蒴果稍木质，红色。花期7～9月，果期9～11月。生于海拔45～1700m的山坡林下、沟边与荒坡等地。

闭鞘姜

光叶闭鞘姜 *Costus tonkinensis* Gagnep

多年生草本。叶片倒卵状长圆形，长12～20cm，宽4～8cm，顶端具短尖头，基部渐狭或近圆形，两面均无毛。穗状花序球形或卵形，苞片覆瓦状排列，顶端紫红色，花黄色，唇瓣喇叭形，发育雄蕊淡黄色。蒴果球形。花期7～8月，果期9～11月。生于海拔600～1000m的林下阴湿处。

光叶闭鞘姜

郁金 *Curcuma aromatica* Salisb.

多年生草本。叶片长圆形，长30～60cm，宽10～20cm，顶端具细尾尖，基部渐狭，叶面无毛，背面被短柔毛。花葶单独由根茎抽出，穗状花序圆柱形，花苞片淡绿色，上部无花的苞片白色而染淡红，花冠管漏斗形，裂片白色而带粉红，唇瓣黄色。花期4～6月，果期8～10月。生于海拔360～1900m的林下或林缘、草坡。

郁金

姜黄 *Curcuma longa* L.

多年生草本。叶片长圆形或椭圆形，长 30 ～ 45cm，宽 15 ～ 18cm，顶端短渐尖，基部渐狭。花葶由叶鞘内抽出，穗状花序圆柱状，上部无花的苞片白色，边缘染淡红晕，花萼白色，花冠淡黄色，唇瓣倒卵形淡黄色。花期 7 ～ 8 月，果期 8 ～ 10 月。生于海拔 200 ～ 900m 的林下、草地与路旁。

双翅舞花姜 *Globba schomburgkii* Hook. f.

多年生草本。叶片长圆状披针形，长 15 ～ 20cm，宽 3 ～ 4.5cm，顶端尾尖，基部钝，两面无毛，叶舌短。圆锥花序顶生，花黄色，花萼钟状，花冠管裂片反折，唇瓣倒楔形，黄色，反折。蒴果椭圆形，具疣状凸起。花期 8 ～ 9 月，果期 9 ～ 11 月。生于海拔 550 ～ 1400m 的林下阴湿处或荒坡。

红姜花 *Hedychium coccineum* Buch.-Ham.

多年生草本。叶片狭线形，长 25 ～ 50cm，宽 3 ～ 5cm，顶端尾尖，基部渐狭或近圆形，两面均无毛。穗状花序稠密，圆柱形，花红色，花萼顶部被疏柔毛，花冠管稍超过花萼。蒴果球形，种子红色。花期 6 ～ 8 月，果期 10 月。生于海拔 700 ～ 2900m 的林中。

圆瓣姜花 *Hedychium forrestii* Diels

多年生草本。叶片披针形或长圆状披针形，长 35 ～ 50cm，宽 6 ～ 10cm，顶端具尾尖，基部渐狭，两面均无毛。穗状花序圆柱形，花白色，有香味，唇瓣顶端 2 裂。蒴果卵状长圆形。花期 8 ～ 10 月，果期 10 ～ 12 月。生于海拔 600 ～ 2100m 的山谷密林或疏林、灌丛中。

草果药 *Hedychium spicatum* Ham. ex Smith

多年生草本。叶片长圆形或长圆状披针形，长 15 ～ 47cm，宽 5.6 ～ 10cm，顶端渐狭渐尖，基部急尖，无毛，无柄，叶舌膜质。穗状花序多花，苞片内生单花，花芳香，白色，花冠淡黄色。蒴果扁球形。花期 6 ～ 7 月，果期 10 ～ 11 月。生于海拔 1200 ～ 2900m 的山地密林中。

思茅姜花 *Hedychium simaoense* Y. Y. Qian

多年生草本。叶片狭线形，长 10 ～ 50cm，宽 1.5 ～ 7cm，顶端尾尖，基部渐狭或近圆形，叶面

无毛，背面被长柔毛。穗状花序圆筒形，苞片白色或黄色，花冠管淡紫红色，裂片黄色，侧生退化雄蕊白色或黄色，基部淡紫红色，唇瓣白色或黄色，基部淡紫红色，花丝紫红色，花药紫红色或橙黄色。花期 9～10 月，果期 11～12 月。生于海拔 1400m 的山坡林下（钱义咏，1996）。

多毛姜 *Zingiber densissimum* S. Q. Tong et Y. M. Xia.
直立草本。叶片披针形或狭披针形，长 22～47cm，宽 4～9cm，先端短渐尖，基部楔形或渐狭，叶面无毛，背面、叶柄及叶舌密被银白色的长柔毛。穗状花序，淡白色或先端微红色，从根茎基部抽出，花纯白色。蒴果卵球形，具三角。花期 8 月，果期 9～10 月。生于海拔 1200～1400m 的针叶林或针阔混交林下。

圆瓣姜 *Zingiber orbiculatum* S. Q. Tong
直立草本。叶片狭披针形，长 45～60cm，宽 7～9cm，先端渐尖，基部楔形，两面无毛。穗状花序卵形或头状，红色，从根茎基部抽出 1～2 枚，花冠管裂片等长，除顶部红色外，其余白色。蒴果三棱状长圆形，除基部淡褐色外，其余黑红色。花期 7 月，果期 10 月。生于海拔 620～800m 的林下或路边。

柱根姜 *Zingiber teres* S. Q. Tong et Y. M. Xia.
多年生草本。叶片狭披针形，长 18～25cm，宽 3～4cm，先端渐尖或尾尖，基部楔形，叶面无毛，背面除主脉疏被柔毛外，其余无毛。穗状花序椭圆形或狭椭圆形，花序梗隐藏土中，苞片与小苞片上部红色，花冠管除上部黄色外，其余淡黄色，唇瓣分裂部分紫红色。蒴果长圆形，具三角。花期 9 月，果期 10 月。生于海拔 1170～1200m 的山坡或箐沟的潮湿林下。

竹芋科 Marantaceae

尖苞柊叶 *Phrynium placentarium* (Lour.) Merr.
多年生草本。叶片长圆状披针形或卵状披针形，长 30～55cm，宽 20cm，顶端渐尖，基部圆形而中央急尖，两面均无毛。头状花序球形，稠密，苞片顶端具刺状小尖头，花白色。果长圆形。花期 2～5 月，果期 3～7 月。生于海拔 250～1500m 的沟谷林下。

思茅姜花

多毛姜

圆瓣姜

柱根姜

尖苞柊叶

假叶树科 Ruscaceae

滇南天门冬 *Asparagus subscandens* Wang et S. C. Chen

草质藤本。叶状枝通常每 3～7 枚成簇，扁平，镰刀状，长 3～6mm，宽 0.5～0.7mm，鳞片状叶基部延伸为刺状短距。花每 1～2 朵腋生，绿黄色，花被筒状，雄蕊花丝不等长。浆果成熟时黄绿色。花期 7～8 月，果期 9～12 月。生于海拔 550～1800m 的林下或灌丛中。

百合科 Liliaceae

山菅 *Dianella ensifolia* (L.) DC.

多年生草本。叶片狭条状披针形，长 20～70cm，宽 1.2～3.7cm，基部稍收狭成鞘状，边缘和背面中脉具锯齿。顶端圆锥花序，花常多朵生于侧枝上端，花绿白色、淡黄色至青紫色。浆果近球形，深蓝色。花期 10 月至翌年 4 月，果渐次成熟。生于海拔 240～2200m 的林下、灌丛或草地。

万寿竹 *Disporum cantoniense* (Lour.) Merr.

多年生草本。叶片披针形至狭椭圆状披针形，长 5～12cm，宽 1.5～5cm，先端渐尖至长渐尖，基部近圆形，有 3～7 脉，叶柄短。伞形花序有花 3～10 朵，花紫色。花期 5～6 月，果期 9～12 月。生于海拔 640～3100m 的原始或次生常绿阔叶林、松林、灌丛、草地。

长茎沿阶草 *Ophiopogon chingii* Wang et Tang

多年生草本，茎上部或多或少向上斜升。叶散生于茎上，剑形，长 7～15cm，宽 2～5mm，先端急尖，基部狭成不明显的叶柄，边缘具白色膜质的叶鞘。总状花序，花被片白色或淡紫色。种子椭圆形或球形，早期绿色，后期蓝色。花期 5～6 月，果期 8～10 月。生于海拔 1100～2100m 的山地、沟谷、水边的密林中或灌木丛下。

间型沿阶草 *Ophiopogon intermedius* D. Don

多年生草本。叶基生，禾叶状，长 15～50cm，宽 2～6mm，先端急尖或渐尖，边缘具细齿，基部叶柄不明显。花葶长 20～40cm，总状花序具

十余朵花，花多单生，少数 2～3 朵簇生于苞片腋内，花被片白色或淡紫色。种子椭圆形，暗蓝色。花期 5～8 月，果期 8～10 月。生于海拔800～3000m 的山坡、沟谷、溪边阴湿处。

卷叶黄精 *Polygonatum cirrhifolium* (Wall.) Royle
多年生草本。叶通常 3～5 枚轮生，条形或条状披针形，先端拳卷或弯曲成钩状。花序轮生，常具 2 朵花，总花梗下垂，花被淡绿色、黄绿色、淡黄色、淡紫色或紫红色。幼果绿色，有时具黑褐色斑点，成熟时紫红色或蓝紫色，近球形。花期 5～7 月，果期 7～10 月。生于海拔1750～4100m 的林下、灌丛中、山坡、草地、河谷、溪边或岩石上。

滇黄精 *Polygonatum kingianum* Coll. et Hemsl.
多年生草本。叶轮生，每轮 3～10 枚，条形、条状披针形或披针形，长 6～25cm，宽 3～30cm，先端拳卷。花序具 2～4 朵花，花被粉红色、绿色、黄绿色或黄白色，浆果红色。花期 5～7 月，果期 8～10 月。生于海拔 620～3650m 的林下、灌丛或阴湿草坡，有时生于岩石上。

长梗开口箭 *Tupistra longipedunculata* Wang et Liang
多年生草本。叶 3～5 枚近两列的套叠，条状倒披针形，长 50～90cm，宽 3～6.5cm，先端渐尖，基部渐狭成明显的或稍明显的柄。穗状花序，花被筒黄色，钟状，具不明显的 6 棱，裂片淡绿色或淡黄色。花期 6 月，果期 11 月。生于海拔600～1700m 的沟谷林下。

延龄草科 Trilliaceae

滇重楼 *Paris polyphylla* Smith var. *yunnanensis* (Franch) Hand.-Mazz.
多年生草本，根状茎粗壮。叶 5～11 枚，倒卵状长圆形，长 8～27cm，宽 2.2～10cm，常具 1 对基出脉。花梗在果期明显伸长，花基数 3～7，花瓣通常较宽，子房具棱或翅，花柱、柱头紫色。果近球形，有鲜红色的假种皮。花期 4～6 月，果期 10～11 月。生于海拔 1400～3100m 的常绿阔叶林、云南松林、竹林、灌丛或草坡中。

菝葜科 Smilacaceae

土茯苓 *Smilax glabra* Roxb.

攀援灌木，茎无刺。叶片披针形或椭圆状披针形，长 3～12cm，宽 1～3.5cm，先端渐尖，基部楔形或近圆形，背面苍白色，主脉 3～5 条，叶柄狭鞘上方有卷须。伞形花序单生叶腋，花绿白色。浆果球形，成熟时紫黑色，具粉霜。花期 8～9 月，果期 10～11 月。生于海拔 800～2200m 的路旁、林内、林缘。

马甲菝葜 *Smilax lanceifolia* Roxb.

攀缘灌木。叶片卵状长圆形、狭椭圆形至披针形，长 6～15cm，宽 2～7cm，先端渐尖至骤凸，基部圆形或宽楔形，主脉 3～5 条，叶柄长 1～2cm，于下部 1/5～1/4 处具狭鞘，鞘上方有卷须。伞形花序通常单个生于叶腋，具花几十朵，花黄绿色。浆果球形。花期 10 月至翌年 3 月，果期 11～12 月。生于海拔 1200～2800m 的林下、灌丛或山坡阴处。

大果菝葜 *Smilax macrocarpa* Bl.

攀缘灌木。叶片卵形或椭圆形，长 8～15cm，宽 3～10cm，先端急尖，有时渐尖，基部圆形至截形，主脉 3 条，叶柄长 1.5～4cm，下方 1/3～1/2 处具狭鞘，鞘上方通常有卷须。圆锥花序通常有 2 个伞形花序，雄花绿黄色。浆果球形，直径 1～2cm，成熟时深红色。花期 9～11 月，果期翌年 5～6 月。生于海拔 200～1650m 的林内。

抱茎菝葜 *Smilax ocreata* A. DC.

攀缘灌木。茎密生粒状瘤突。叶片卵形或椭圆形，长 9～20cm，宽 4.5～15cm，先端短渐尖，基部楔形至浅心形，主脉 3 条，基部两侧具耳状的鞘作穿茎状抱茎，卷须脱落点位于近中部。圆锥花序由 2～7 个伞形花序组成，每伞形花序有花 10～30 朵，花黄绿色，稍带淡红色。浆果球形，成熟时暗红色，被粉霜。花期 3～6 月，果期 7～10 月。生于海拔 1200～2000m 的林内或灌丛中。

穿鞘菝葜 *Smilax perfoliata* Lour.

攀缘灌木，茎枝疏生刺。叶片卵形或椭圆形，长 11～22cm，宽 6～14.5cm，先端短尖，基部宽楔形或浅心形，主脉 5～7 条，叶柄基部两侧具耳状鞘，有卷须。圆锥花序通常具 10～30 个伞

形花序，花绿白色。浆果球形。花期 4 ～ 6 月，果期 7 ～ 9 月。生于海拔 400 ～ 2200m 以下的密林、疏林、河边。

天南星科 Araceae

海芋 *Alocasia macrorrhiza* (L.) Schott

大型常绿草本植物。叶多数，螺状排列，叶片箭状卵形，长 50 ～ 90cm，宽 40 ～ 80cm，边缘波状。花序圆柱形，通常绿色。佛焰苞管部绿色，檐部蕾时绿色，花时黄绿色、绿白色，舟状。肉穗花序芳香，雌花序白色，浆果红色。花果期四季，但在密阴的林下常不开花。生于海拔 200 ～ 1100m 的热带雨林及野芭蕉林中。

三匹箭 *Arisaema inkiangense* H. Li

多年生常绿草本。根茎圆柱形，剖开紫色至青紫色。叶 1，绿色，背淡，指状 3 小叶。佛焰苞管部筒状，基部为白色，余绿白色，具多数纵脉，喉部边缘耳状外卷，檐部绿色，肉穗花序两性和雄性单株。花期 10 ～ 11 月，果期 12 月至翌年 3 月。生于海拔 380 ～ 1700m 的山谷或箐沟密林下。

石柑 *Potos chinensis* (Raf) Merr.

附生藤本，匍匐于石上或缠绕于树上。叶片椭圆形、披针状卵形至披针状长圆形，长 6 ～ 13cm，宽 1.5 ～ 5.6cm，先端渐尖至长渐尖，叶柄倒卵状长圆形或楔形。花序腋生，佛焰苞卵状，绿色。浆果黄绿色至红色。花果期四季。附生于海拔 200 ～ 2400m 的阴湿密林或疏林的树干或石上。

爬树龙 *Rhaphidophora decursiva* (Roxb.) Schott

附生藤本。幼枝上叶片圆形，成熟枝叶片轮廓卵状长圆形、卵形，长 60 ～ 70cm，宽 40 ～ 50cm，先端锐尖，基部浅心形，羽状深裂。花序腋生，绿色，圆柱形，佛焰苞肉质。果序粗棒状。花期 5 ～ 8 月，果翌年夏秋成熟。生于海拔 1090 ～ 1800m 的沟谷雨林或常绿阔叶林中。

上树蜈蚣 *Rhaphidophora lancifolia* Schott

附生藤本。叶柄顶部关节膨大，叶片卵状长圆形，长 25 ～ 40cm，宽 10 ～ 13.5cm，不等侧，叶面绿色，背面粉绿，Ⅰ级侧脉 7 ～ 8 对。花序顶生，佛焰苞蕾时绿色。浆果灰绿色。花期 10 ～ 11 月，果翌年夏秋成熟。常附生于海拔 480 ～ 2500m 季雨林及常绿阔叶林的树干上。

百部科 Stemonaceae

大百部 *Stemona tuberosa* Lour

木质藤本。叶对生或轮生，卵状披针形、卵形或宽卵形，长 10 ～ 26cm，宽 5 ～ 15cm，顶端渐尖至短尖，基部心形，全缘，叶柄长 5 ～ 15cm。花单生或排成总状花序，花被片黄绿色带紫色脉纹。蒴果光滑，绿色。花期 4 ～ 6 月，果期 8 ～ 10 月。生于海拔 160 ～ 1750m 的林内、灌丛或草坡。

大百部

棕榈科 Palmae

鱼尾葵 *Caryota ochlandra* Hance

乔木状，茎被白色的毡状绒毛，具环状叶痕。老叶羽片长 15 ～ 60cm，宽 3 ～ 10cm，罕见顶部的近对生，最上部的 1 羽片大，先端 2 ～ 3 裂，内缘上半部成不规则的齿缺。佛焰苞与花序具多数穗状的分枝花序。果实球形，成熟时红色，直径 1.5 ～ 2cm。花期 5 ～ 7 月，果期 8 ～ 11 月。生于海拔 450 ～ 700m 的山坡或沟谷林中。

鱼尾葵

长枝山竹 *Pinanga macroclada* Burret

丛生灌木状。叶长约 1.3m，约有 10 对羽片，叶面深绿色，背面灰白色，具淡褐色鳞片，顶端 1 对羽片长 30cm，宽 5cm，先端截形。花序分枝 4 ～ 5 个或更多，穗轴直而不曲折。果实成整齐 2 列，果实成长后为近纺锤形，顶端稍狭，果实具纵条纹，宿存萼片阔圆形。花期 3 ～ 4 月，果期 5 ～ 7 月。生于海拔 600 ～ 1700m 的热带与亚热带森林中。

长枝山竹

云南瓦理棕 *Wallichia mooreana* Basu

丛生灌木。叶羽状全裂，羽片长 17 ～ 30cm，宽 3 ～ 4cm，线状披针形，边缘具不同程度的齿状缺刻，基部狭楔形，顶端羽片常具 3 浅裂。雌雄异株，花序生于叶间，佛焰苞多个。果实卵状椭圆形。花期 8 月，果期 3 ～ 4 月。生于海拔 600 ～ 1350m 的沟边及疏林中。

云南瓦理棕

露兜树科 Pandanaceae

分叉露兜 *Pandanus furcatus* Roxb.

常绿乔木，茎端二歧分枝，具粗壮气根。叶片聚生于茎端，带状，长 1～4m，宽 3～10cm，先端具三棱形鞭状尾尖，边缘具细锯齿状利刺。雄花序由若干穗状花序组成，金黄色，雌花序头状。聚花果椭圆形，红棕色，核果宿存柱头呈二歧刺状。花期 8 月，果期 12 月。生于海拔 800～1500m 的林下及灌木丛林。

仙茅科 Hypoxidaceae

大叶仙茅 *Curculigo capitulata* (Lour.) O. Ktze.

多年生常绿草本。叶 7～10 枚，基生成丛，叶片绿色，长圆形或长圆状披针形、椭圆形，长 40～90cm，宽 11～18cm，背面脉上疏被灰白色长柔毛，背面近圆形并密被灰褐色短柔毛，叶柄长 50～80cm。花序头状，苞片绿色，花黄色。浆果球形，绿白色。花期 5～6 月，果期 8～9 月。生于海拔 2480m 以下的常绿阔叶林、栎林、季雨林、雨林及灌丛、草坡中。

蒟蒻薯科 Taccaceae

箭根薯 *Tacca chantrieri* Andre

多年生草本。叶片长圆形至长圆状椭圆形，长达 55cm，先端骤狭渐尖，基部钝圆，一侧耳状下延。花序顶生，总苞片紫绿色，内轮绿色，小苞片须状下垂，长 10～16cm，花具柄，紫黑色。果序伞形，三棱纺锤形。花期 4～11 月，果逐渐成熟。生于海拔 1300m 以下的沟谷季雨林或雨林下。

兰科 Orchidaceae

多花脆兰 *Acampe rigida* (Buch.-Ham. ex J. E. Smith) P. F. Hunt

附生植物。叶 2 列，带状，长 17～40cm，宽 3.5～5cm，先端钝并且不等侧 2 圆裂。花序腋生或与叶对生，具多数花，花黄色带紫褐色横纹，具香气，唇瓣白色，内面具紫褐色纵条纹，距圆锥形。花期 8～9 月，果期翌年 4～5 月。生于海拔 320～1800m 的林中树干或林下岩石上。

分叉露兜

大叶仙茅

箭根薯

多花脆兰

锥囊坛花兰 *Acanthephippium striatum* Lindl.
附生草本。假鳞茎长卵形，顶生 1 ～ 2 枚叶。叶
片椭圆形，长 20 ～ 30cm，宽达 14.5cm，先端急尖，
基部下延，两面无毛，具扇状脉。总状花序，花
白色带红色脉纹，唇瓣基部具长爪，前端骤然扩
大，中裂片基部两侧各具 1 个红色斑块。花期 4 ～
6 月。生于海拔 900 ～ 1350m 的沟谷、溪边或密
林下阴湿处。

坛花兰 *Acanthephippium sylhetense* Lindl.
附生植物。假鳞茎卵状圆柱形，叶 2 ～ 4 枚，长
椭圆形，长达 35cm，宽 8 ～ 11cm，先端渐尖，
基部收狭，具 5 条主脉。总状花序，花苞片深茄
紫色，花梗和子房浅茄紫色，花白色或稻草黄色，
内面在中部以上具紫褐色斑点，唇瓣具长约 2cm
的爪，黄色带黄褐色斑纹。花期 4 ～ 7 月。生于
海拔 540 ～ 800m 的密林下或沟谷林下阴湿处。

扇唇指甲兰 *Aerides flabellata* Rolfe ex Downie
附生植物。叶片狭长圆形或带状，长 16 ～ 23cm，
宽 1.5 ～ 2.8cm，先端不等侧 2 裂，裂片先端斜截
并且具 1 ～ 2 个不整齐的尖齿。总状花序疏生少数
花，花黄褐色带红褐色斑点，花瓣斜卵形，唇瓣白
色带淡紫色斑点。花期 4 ～ 5 月。生于海拔 600 ～
1700m 的林缘和山地疏生的常绿阔叶林中树干上。

多花指甲兰 *Aerides rosea* Lodd. ex Lindl. et Paxt.
附生植物。叶片狭长圆形或带状，长 15 ～ 30cm，
宽 2 ～ 3cm，先端钝并且不等侧 2 裂。花序密生
多花，花梗和子房白色带淡紫色晕，花白色带紫
色斑点，唇瓣侧裂片前边深紫色，中裂片密布紫
红色斑点。花期 7 月，果期 8 月至翌年 5 月。生
于海拔 320 ～ 1530m 的山地林缘或山坡疏生的常
绿阔叶林中树干上。

**西南齿唇兰 *Anoectochilus elwesii* (Clarke ex Hook.
f.) King et Pantl.**
附生草本。叶片卵形或卵状披针形，长 1.5 ～ 5cm，
宽 1 ～ 3cm，叶面暗紫色或深绿色，有时具 3 条
带红色的脉。总状花序具 2 ～ 4 朵花，萼片先端
和中部带紫红色，中萼片具紫红色条纹，与花瓣
黏合呈兜状，花瓣与唇瓣白色，唇瓣基部具凹陷
呈球形的囊。花期 7 ～ 8 月。生于海拔 1500m 以

下的山坡常绿阔叶林下。

金线兰 *Anoectochilus roxburghii* (Wall.) Lindl.

地生草本。叶片卵圆形或卵形，长 1.3 ～ 3.5cm，宽 0.8 ～ 3cm，叶面暗紫色或黑紫色，具金红色带有绢丝光泽网脉，背面淡紫红色。总状花序具 2 ～ 6 朵花，花白色或淡红色，唇瓣两侧各具 6 ～ 8 条长 4 ～ 6mm 的流苏状细裂条。花期 8 ～ 12 月，果期翌年 1 ～ 3 月。生于海拔 50 ～ 1600m 的常绿阔叶林下或沟谷阴湿处。

筒瓣兰 *Anthogonium gracile* Lindl.

地生草本。假鳞茎顶生 2 ～ 5 枚叶。叶片狭椭圆形或狭披针形，长 7 ～ 45cm，宽 1 ～ 5cm，先端渐尖，基部收狭为短柄，叶柄和鞘包卷着纤细假茎。总状花序疏生数朵花，花下倾，纯紫红色或白色而带紫红色的唇瓣。花期 7 ～ 11 月，果期 11 ～ 12 月。生于海拔 1180 ～ 2300m 的山坡草丛中或灌丛下。

窄唇蜘蛛兰 *Arachnis labrosa* (Lindl. et Paxt.) Rchb. f.

附生草本。叶 2 列，带状，长 15 ～ 30cm，宽 1.6 ～ 2.2cm，先端钝并且具不等侧 2 裂，叶鞘宿存。圆锥花序疏生多数花，花苞片红棕色，花淡黄色带红棕色斑点。花期 8 ～ 9 月。生于海拔 800 ～ 1200m 的山地林缘树干上或山谷悬岩上。

竹叶兰 *Arundina graminifolia* (D. Don) Hochr.

地生草本，茎细竹竿状。叶片线状披针形，长 8 ～ 20cm，宽 3 ～ 15mm，先端渐尖，基部具圆筒状鞘。花序具 2 ～ 10 朵花，花粉红色或略带紫色或白色，唇瓣轮廓近长圆状卵形。花果期主要为 7 ～ 11 月。生于海拔 500 ～ 2400m 的林下灌丛中及草坡。

鸟舌兰 *Ascocentrum ampullaceum* (Roxb.) Schltr.

附生植物。叶片扁平，下部常 V 字形对折，上部稍向外弯，狭长圆形，长 5 ～ 17cm，宽 1 ～ 1.5cm，叶面黄绿色带紫红色斑点，背面淡红色。总状花序密生多数花，花梗和子房淡黄色带紫，花在花蕾时黄绿色，开放后殊红色。花期 4 ～ 5 月。生于海拔 1150 ～ 1500m 的常绿阔叶林中树干上。

金线兰
筒瓣兰
窄唇蜘蛛兰
竹叶兰
鸟舌兰

小白及 Bletilla formosana (Hayata) Schltr.
地生草本，假鳞茎扁卵球形。叶片通常线状披针形、狭披针形至狭长圆形，长6～20cm，宽5～10mm，先端渐尖，基部收狭成鞘并抱茎。总状花序，花淡紫色或粉红色。花期4～5月。生于海拔900～3100m的常绿阔叶林、栎林、针叶林下、路边、沟谷草地或草坡及岩石缝中。

赤唇石豆兰 Bulbophyllum affine Lindl.
附生草本。假鳞茎顶生1枚叶，叶片长圆形，长6～26cm，宽1～4cm，先端钝并且稍凹入。花葶出自假鳞茎，顶生1朵花，花淡黄色带紫色条纹，花瓣披针形，唇瓣肉质。花期5～7月。生于海拔100～1550m的林中树干上或沟谷岩石上。

梳帽卷瓣兰 Bulbophyllum andersonii (Hook. f.) J. J. Smith
附生植物。假鳞茎卵状圆锥形，顶生1枚叶。叶片长圆形，长7～21cm，宽1.6～4.3cm，先端钝并且稍凹入，叶柄长1～2.5cm。花葶侧生假鳞茎基部，伞形花序具数朵花，花浅白色密布紫红色斑点，中萼片边缘紫红色，花瓣脉纹具紫红色斑点，边缘紫红色具篦齿状齿，唇瓣茄紫色。花期2～10月。生于海拔400～2000m的山地林中树干上或林下岩石上。

狄氏卷瓣兰 Bulbophyllum dickasonii Seidenf.
附生草本。假鳞茎圆柱形，顶生2枚叶。叶片长圆形，先端尖锐，无叶柄。总状花序，花排列疏松，花苞片线状长圆形，紫红或栗色。花棕色，带有栗红色，侧萼片长，花瓣黄色带红色和栗色，唇瓣黄色带栗色。花期1月。生于海拔1400m的常绿阔叶林树干上。

尖角卷瓣兰 Bulbophyllum forrestii Seidenf.
附生草本。假鳞茎顶生1枚叶。叶片长圆形，长15～25cm，宽1.3～2.8cm，先端钝并且稍凹入。花葶侧生假鳞茎基部，总状花序缩短呈伞形，花梗连同子房黄色，花杏黄色，中萼片凹，唇瓣披针形，黄色带紫红色斑点。花期5～6月。生于海拔1800～2000m的山地林中树干上。

线瓣石豆兰 Bulbophyllum gymnopus Hook. f.
附生草本。假鳞茎长圆柱形，顶生1枚叶。叶

片长圆形或卵状披针形，长 8.2 ～ 16cm，宽 1.4 ～ 2.2cm，先端钝并且稍凹入，基部具长约 1.5cm 的柄。花葶出自假鳞茎基部，花白色带黄色的唇瓣，花瓣线形，边缘具锯齿，唇瓣向外下弯。花期 12 月。生于海拔约 1000m 的常绿阔叶林中树干上。

线瓣石豆兰

角萼卷瓣兰 Bulbophyllum helenae (Kuntze) J. J. Smith

附生草本。假鳞茎长卵形，顶生 1 枚叶。叶片长圆形，长 27 ～ 30cm，宽 2.8 ～ 4cm，先端钝，基部收狭，叶柄两侧对折。花葶侧生于假鳞茎基部，伞形花序具 6 ～ 10 朵花，花黄绿色带红色斑点，花瓣先端细尖呈芒状，边缘具流苏，唇瓣基部具凹槽。花期 8 月。生于海拔 620 ～ 1800m 的山地林中树干上。

角萼卷瓣兰

钩梗石豆兰 Bulbophyllum nigrescens Rolfe

附生草本。假鳞茎聚生，顶生 1 枚叶。叶片长圆形或长圆状披针形，先端钝，基部收窄为短柄，叶柄对折。花葶生于假鳞茎基部，总状花序具多数偏向一侧的花，萼片和花瓣紫黑色或萼片淡黄色，基部与唇瓣紫黑色。花期 4 ～ 5 月。生于海拔 800 ～ 1500m 的山地常绿阔叶林中树干上。

钩梗石豆兰

密花石豆兰 Bulbophyllum odoratissimum (J. E. Smith) Lindl.

附生草本。假鳞茎近圆柱形，顶生 1 枚叶。叶片长圆形，长 4 ～ 13.5cm，宽 0.8 ～ 2.6cm，先端钝并且稍凹入，基部收窄。花葶从假鳞茎基部发出，总状花序缩短呈伞状，花苞片淡白色，花稍有香气，初时萼片和花瓣白色，以后转变为橘黄色。花期 4 ～ 8 月。生于海拔 200 ～ 2300m 的混交林中树干上或山谷岩石上。

密花石豆兰

麦穗石豆兰 Bulbophyllum orientale Seidenf.

附生草本。假鳞茎卵球形，顶生 1 枚叶。叶片长圆形，长 8 ～ 30cm，宽 1.5 ～ 3.4cm，先端稍钝并且具凹头，基部收窄。花葶生于假鳞茎基部，总状花序密生许多覆瓦状排列的花，萼片和花瓣淡黄绿色带褐色脉纹，唇瓣淡黄绿色带黑色斑点。花期 6 ～ 9 月。生于海拔约 1200m 的山坡常绿阔叶林中树干上。

麦穗石豆兰

锥茎石豆兰 *Bulbophyllum polyrhizum* Lindl.

附生草本。假鳞茎卵形，顶端收窄为瓶颈状，顶生 1 枚叶。叶片狭长圆形，比花葶短，出自已经凋落的假鳞茎基部，先端近锐尖，基部稍收狭。花叶不同期，总状花序疏生许多小花，花梗钩曲状，花黄绿色。花期 3 月。生于海拔 900 ～ 1400m 的常绿阔叶林中树干上。

匙萼卷瓣兰 *Bulbophyllum spathulatum* (Rolfe ex Cooper) Seidenf.

附生草本。假鳞茎狭卵形，顶生 1 枚叶。叶片长圆形，长 10 ～ 18cm，宽 2 ～ 2.4cm，先端钝，基部收窄，中肋明显凹陷，叶柄多少对折。花葶生于根状茎末端的假鳞茎基部，伞形花序多达二十余朵花，花紫红色。花期 10 月。生于海拔约 860m 的山地阔叶林中树干上。

少花石豆兰 *Bulbophyllum subparviflorum* Z. H. Tsi et S. C. Chen

附生草本。假鳞茎卵形，顶生 1 枚叶。叶片狭长圆形，先端钝，长 4.5 ～ 8.7cm，宽 5 ～ 7mm，基部收窄，表面中肋凹陷，背面隆起。花葶生于假鳞茎基部，总状花序具多数小花，花黄绿色。花期 5 ～ 8 月，幼果期 9 月。生于海拔 1200m 的山地常绿阔叶林中树干上。

聚株石豆兰 *Bulbophyllum sutepense* (Rolfe ex Downie) Ssidenf et Smith.

附生草本。假鳞茎聚生，梨形或近球形，顶生 1 枚叶。叶片长圆形或长圆状舌形，长 1.5 ～ 4.5cm，宽 6 ～ 9mm，先端锐尖或稍钝。花葶生于假鳞茎基部，总状花序呈伞形，通常具 4 ～ 5 朵花，花浅黄色。花期 5 月。生于海拔 1200 ～ 1530m 的山地混交林中树干上。

球茎石豆兰 *Bulbophyllum triste* Rchb. f.

附生草本。假鳞茎压扁状球形，顶端具 2 枚叶。叶片多少披针形，长约 10cm，宽 2 ～ 2.5mm，先端锐尖，基部稍收狭，在花葶抽出前凋落。花葶侧生于假鳞茎基部，总状花序密生多数花，花淡紫红色带紫色斑点。花期 1 ～ 2 月。生于海拔 800 ～ 1800m 的山地林中树干上。

伞花卷瓣兰 *Bulbophyllum umbellatum* Lindl.
附生草本。假鳞茎卵状圆锥形，顶生 1 枚叶。叶片长圆形，长 8 ～ 19cm，宽 1.3 ～ 2.8cm，先端钝并且凹入，基部楔状。花葶出自假鳞茎基部，伞形花序常具 2 ～ 4 朵花，花暗黄绿色或暗褐色带淡紫色先端，唇瓣浅白色。花期 4 ～ 6 月。生于海拔 1000 ～ 2200m 的山地林中树干上。

直立卷瓣兰 *Bulbophyllum unciniferum* Seidenf.
附生草本。假鳞茎顶生 1 枚叶。叶片狭长圆形，长 7 ～ 8cm，宽 1 ～ 1.9cm，先端钝。花葶出自假鳞茎基部，顶生总状花序缩短呈伞状，花梗连同子房白色，中萼片淡黄色，具紫色斑点，侧萼片朱红色，唇瓣紫红色，边缘在中部以下具睫毛。花期 3 月。生于海拔 1150 ～ 1500m 的山地林中树干上。

双叶卷瓣兰 *Bulbophyllum wallichii* Rchb. f.
附生草本。假鳞茎卵球形，顶生 2 枚叶。叶片狭长圆形，顶端急尖，基部收狭，近无柄。花先于叶，花葶侧生于假鳞茎基部，花苞片淡黄绿色，萼片和花瓣淡黄褐色密布紫色斑点，后转变为橘红色，中萼片边缘具流苏，唇瓣背面淡橘红色，上面暗紫黑色，边缘和背面被髯毛。花期 3 ～ 4 月。生于海拔 1400 ～ 1500m 的山坡林中树干上。

叉唇虾脊兰 *Calanthe hancockii* Rolfe
地生草本。假鳞茎圆锥形。叶片椭圆形或椭圆状披针形，长 20 ～ 40cm，宽 5 ～ 12cm，先端急尖或锐尖，边缘波状。叶柄通常长 20cm 以上。花葶出自假鳞茎上端的叶间，总状花序，花梗绿色，花大，萼片和花瓣黄褐色，唇瓣柠檬黄色。花期 4 ～ 6 月。生于海拔 1000 ～ 3600m 的山地常绿阔叶林下和山谷溪边。

葫芦茎虾脊兰 *Calanthe labrosa* (Rchb. f.) Rchb. f.
地生草本。假鳞茎聚生，中部常缢缩而呈葫芦状。叶片椭圆形，长约 30cm，宽达 9cm，先端渐尖，旱季脱落。花葶从茎基部抽出，密被白色长柔毛，花苞片绿色，萼片白色，仅背面基部淡粉红色，花瓣白色，唇瓣侧裂片白色带许多紫红色斑点和淡粉红色条纹。花期 11 ～ 12 月。生于海拔 800 ～ 1200m 的常绿阔叶林下。

三褶虾脊兰 *Calanthe triplicata* (Willem.) Ames

地上草本。叶在花期全部展开，椭圆形或椭圆状披针形，先端急尖，基部收狭为柄，边缘常波状，两面无毛。花葶从叶丛中抽出，总状花序密生许多花，花梗和子房白色，花白色或偶见淡紫红色，后来转为橘黄色。花期 4 ～ 5 月。生于海拔 1000 ～ 1200m 的常绿阔叶林下。

美柱兰 *Callostylis rigida* Bl.

附生草本。假鳞茎近梭状，近顶端处具 4 ～ 5 枚叶。叶片近长圆形或狭椭圆形，长 12 ～ 17cm，宽 2.4 ～ 4.3cm，先端为不等的 2 圆裂，基部收狭为短柄。总状花序通常 2 ～ 4 个，具十余朵花，除唇瓣褐色外，均绿黄色。花果期 5 ～ 6 月。生于海拔 650 ～ 1700m 混交林中树上。

叉枝牛角兰 *Ceratostylis himalaica* Hook. f.

附生草本。茎丛生，呈 2 叉状分枝。叶 1 枚，生于分枝顶端，狭长圆形，长 3.5 ～ 6.5cm，宽 3 ～ 7mm，先端 2 浅裂，基部收狭为柄。花小，白色而有紫红色斑，蕊柱黄色，顶端臂状物貌似牛角。花果期 4 ～ 6 月。生于海拔 900 ～ 1700m 林中树上或岩石上。

全唇叉柱兰 *Cheirostylis takeoi* (Hayata) Schltr.

地生草本。具 3 ～ 4 枚叶，叶片卵形或宽卵形，长 2.5 ～ 4cm，宽 2.5 ～ 3.5cm，常在花期时，叶逐渐枯萎、凋落而似无叶。花茎顶生，总状花序具 2 ～ 5 朵花，花小，唇瓣白色。花期 3 月。生于海拔 100 ～ 1400m 的山坡密林下或路旁坡地。

云南叉柱兰 *Cheirostylis yunnanensis* Rolfe

附生草本。茎圆柱形，基部具 2 ～ 3 枚叶。叶片卵形，长 1.5 ～ 3.5cm，宽 0.8 ～ 2cm，先端急尖，基部近圆形，骤狭成柄。花茎顶生，总状花序，花小，萼片近中部合生成筒状，花瓣白色。花期 3 ～ 4 月。生于海拔 1800m 以下的山坡或沟旁常绿阔叶林下石缝中。

异型兰 *Chiloschista yunnanensis* Schltr.

附生草本。茎不明显，花期无叶，叶片条状，肉质，长 4 ～ 7cm，宽 3 ～ 4mm，先端钝，基部收狭。花序 4 ～ 5 个，绿色带紫色斑点，花质地稍

厚，萼片和花瓣茶色或淡褐色，除基部外周边为
浅白色，唇瓣黄色。花期 3 ～ 5 月，果期 7 月。
生于海拔 700 ～ 2000m 的山地林缘或疏林中树
干上。

异型兰

金唇兰 *Chrysoglossum ornatum* Bl.

附生草本。假鳞茎近圆柱形。叶片长椭圆形，长
15 ～ 34cm，宽 3 ～ 7cm，先端短渐尖，基部楔
形并下延为长达 10cm 的柄。花葶长达 50cm，总
状花序疏生约 10 朵花，花绿色带红棕色斑点，
唇瓣白色带紫色斑点。花期 4 ～ 6 月。生于海拔
700 ～ 1700m 的山坡林下阴湿处。

金唇兰

毛柱隔距兰 *Cleisostoma simondii* (Gagnep.) Seidenf.

附生草本。叶 2 列互生，细圆柱形，长 7 ～ 11cm，
粗约 3mm，斜立，先端稍钝，基部具关节和抱茎
的长鞘。总状花序或圆锥花序具多数花，花近肉
质，黄绿色带紫红色脉纹。花期 9 月。生于海拔
620 ～ 1150m 的河岸疏林树干上或林中石上。

毛柱隔距兰

云南贝母兰 *Coelogyne assamica* Linden et H. G. Reichenbach

附生草本。假鳞茎密集。叶片长圆状倒披针形，
革质，长 11.5 ～ 13.5cm，宽 1.3 ～ 2cm，先端钝
或急尖，基部收狭为柄。花葶从老假鳞茎基部发
出，长 12 ～ 14cm，具 2 朵花，花淡黄色。花期 6 月。
生于海拔 1300m 的林中树干或岩石上。

云南贝母兰

眼斑贝母兰 *Coelogyne corymbosa* Lindl.

附生草本。假鳞茎较密集，顶端生 2 枚叶。
叶片长圆状倒披针形至倒卵状长圆形，长
4.5 ～ 15cm，宽 1 ～ 3cm，先端通常渐尖，叶面
横脉浮凸。总状花序具 2 ～ 3 朵花，花白色或
稍带黄绿色，唇瓣上有 4 个黄色、围以橙红色
的眼斑。花期 5 ～ 7 月，果期翌年 7 ～ 11 月。
生于海拔 1300 ～ 3100m 的林缘树干上或湿润岩
壁上。

眼斑贝母兰

栗鳞贝母兰 *Coelogyne flaccida* Lindl.

附生草本。假鳞茎长圆形，顶端生 2 枚叶，基部
鞘背面具紫褐色斑块。叶片长圆状披针形至椭圆
状披针形，长 13 ～ 19cm，宽 3 ～ 4.5cm，先端

近渐尖，基部收狭为柄。总状花序疏生 8 ～ 10 朵
花，花浅黄色至白色，唇瓣上有黄色和浅褐色斑。
花期 3 ～ 4 月。生于海拔 1600 ～ 1700m 的林中
树上。

白花贝母兰 *Coelogyne leucantha* W. W. Smith.
附生草本。假鳞茎较密集，顶端生 2 枚叶。叶
片倒披针形至长圆状披针形，长 10 ～ 15cm，
宽 1.1 ～ 3cm，先端近渐尖，基部楔形。花葶从
假鳞茎顶端两叶中央发出，花白色，仅唇瓣上
略有黄斑。花期 5 ～ 7 月，果期 9 ～ 12 月。生
于海拔 1500 ～ 2600m 的林中树干上或河谷旁岩
石上。

纹瓣兰 *Cymbidium aloifolium* (L.) Sw.
附生草本。假鳞茎卵球形，叶 4 ～ 5 枚，带形，
长 40 ～ 90cm，宽 1.5 ～ 4cm，略外弯，先端不
等的 2 圆裂。总状花序，萼片与花瓣淡黄色至奶
油黄色，中央有 1 条栗褐色宽带和若干条纹，唇
瓣白色或奶油黄色而密生栗褐色纵纹。蒴果长圆
状椭圆形。花期 4 ～ 5 月，偶见 10 月，果期 9 月
至翌年 5 月。生于海拔 100 ～ 1100m 的疏林中或
灌木丛中树上或溪谷旁岩壁上。

春兰 *Cymbidium goeringii* (Rchb. f.) Rchb. f.
地生草本。假鳞茎卵球形，叶片带形，长 20 ～
60cm，宽 3 ～ 9mm，边缘无齿。花葶直立，花
序具单朵花，花色泽变化较大，通常为绿色或淡
褐黄色而有紫褐色脉纹，有香气。蒴果狭椭圆形。
花期 1 ～ 3 月，果期 4 ～ 6 月。生于海拔 300 ～
2200m 的多石山坡、林缘、林中透光处。

寒兰 *Cymbidium kanran* Makino
地生植物。叶片带形，长 40 ～ 70cm，宽 4 ～ 14mm，
前部边缘常有细齿。总状花序疏生 5 ～ 12 朵花，
花常为淡黄绿色而具淡黄色唇瓣，常有浓烈香气。
蒴果狭椭圆形，长约 4.5cm。花期 8 ～ 12 月，果
期翌年 1 ～ 5 月。生于海拔 400 ～ 2400m 的林下、
溪谷旁或稍荫蔽、湿润、多石之土壤上。

兔耳兰 *Cymbidium lancifolium* Hook.
半附生草本。假鳞茎近扁圆柱形，顶端聚生 2 ～ 4
枚叶。叶片倒披针状长圆形至狭椭圆形，长

聚鳞贝母兰

白花贝母兰

纹瓣兰

春兰

寒兰

6 ～ 17cm，宽 1.9 ～ 4cm，先端渐尖，上部边缘
有细齿，基部收狭为柄。花葶丛假鳞茎下部侧面
节上发出，花通常白色至淡绿色，花瓣上有紫栗
色中脉，唇瓣上有紫栗色斑。花期 5 ～ 8 月，果
期 10 ～ 12 月。生于海拔 1000 ～ 2200m 的林下、
树上或岩石上。

墨兰 Cymbidium sinense (Jackson ex Andr.) Willd.
地生植物。假鳞茎卵球形。叶片带形，长 45 ～
110cm，宽 1.5 ～ 3cm。总状花序，花的色泽变化
较大，较常为暗紫色或紫褐色而具浅色唇瓣，也
有黄绿色、桃红色或白色的，一般有较浓的香气。
蒴果狭椭圆形。花期 9 月至翌年 3 月，果期 12 月
至翌年 5 月。生于海拔 800 ～ 2300m 的林下、灌
木林中或溪边阴湿处。

西藏虎头兰 Cymbidium tracyanum L.
附生草本。假鳞茎椭圆状卵形。叶片带形，长
55 ～ 80cm，宽 1 ～ 3.4cm，先端急尖。总状花序
通常具十余朵花，花大，有香气，萼片与花瓣黄
绿色至橄榄绿色，有多条不甚规则的暗红褐色纵
脉。蒴果椭圆形。花期 9 月至翌年 1 月。生于海
拔 1200 ～ 1900m 的林中大树干上或树杈上，也
见于溪谷旁岩石上。

剑叶石斛 Dendrobium acinaciforme Roxb.
附生草本。茎扁三棱形。叶 2 列，斜立，两侧压
扁呈短剑状或匕首状，长 25 ～ 40mm，宽 4 ～ 6mm，
先端急尖，基部扩大成紧抱于茎的鞘。花序具 1 ～
2 朵花，花很小，白色，唇瓣白色带微红色。花
期 3 ～ 9 月，果期 10 ～ 11 月。生于海拔 850 ～
1270m 的山地林缘树干上和林下岩石上。

**兜唇石斛 Dendrobium aphyllum (Roxb.) C. E.
Fischer**
附生草本。茎细圆柱形。叶 2 列互生，披针形或
卵状披针形，长 6 ～ 8cm，宽 2 ～ 3cm，先端渐尖，
基部具鞘，叶鞘鞘口呈杯状张开。总状花序几乎
无花序轴，每 1 ～ 3 朵花为一束，萼片和花瓣白
色带淡紫红色。花期 3 ～ 4 月，果期 6 ～ 7 月。
生于海拔 900 ～ 1800m 的疏林中树干上或山谷岩
石上。

兔耳兰
墨兰
西藏虎头兰
剑叶石斛
兜唇石斛

叠鞘石斛 *Dendrobium aurantiacum* Rchb. f. var. *denneanum* (Kerr) Z. H. Tsi

附生草本。茎圆柱形，具多数节。叶片线形或狭长圆形，长 8 ～ 10cm，宽 1.8 ～ 4.5cm，先端钝并且微凹，基部具鞘，叶鞘紧抱于茎。总状花序通常 1 ～ 2 朵花，花橘黄色，开展，唇瓣上面具有一个大的紫色斑块。花期 5 ～ 7 月。生于海拔 1460 ～ 2100m 的山地疏林或石灰岩常绿阔叶林树干及石崖上。

矮石斛 *Dendrobium bellatulum* Rolfe

附生多年生草本。茎纺锤形，具 2 ～ 5 节。叶近顶生，舌形、卵状披针形或长圆形，长 15 ～ 35mm，宽 10 ～ 18mm，两面和叶鞘均密被黑色短毛。总状花序具 1 ～ 3 朵花，花除唇瓣的中裂片金黄色和侧裂片的内面橘红色外，均为白色。花期 4 ～ 6 月，果期 10 月。生于海拔 1250 ～ 2100m 的山地疏林中树干上。

长苏石斛 *Dendrobium brymerianum* Rchb. f.

附生草本。茎膨大而呈纺锤形。叶片狭长圆形，长 7 ～ 13.55cm，宽 1.2 ～ 2.2cm，先端渐尖，基部稍收狭并具抱茎的鞘。总状花序具 1 ～ 2 朵花，花金黄色，唇瓣先端密布短柔毛，中部以上边缘具长而分枝的流苏。花期 6 ～ 7 月，果期 9 ～ 10 月。生于海拔 1100 ～ 1900m 的山地林缘树干上。

翅萼石斛 *Dendrobium cariniferum* Rchb. f.

附生草本。茎呈纺锤形。叶片长圆形或舌状长圆形，长 11cm，宽 1.5 ～ 4cm，背面和叶鞘密被黑色粗毛。总状花序，子房三棱形，花具橘子香气，中萼片和侧萼片浅黄白色，萼囊淡黄色带橘红色，花瓣白色，唇瓣喇叭状，侧裂片、唇盘和蕊柱橘红色，中裂片黄色。蒴果卵球形。花期 3 ～ 4 月。生于海拔 1100 ～ 1700m 的山地林中树干上。

束花石斛 *Dendrobium chrysanthum* Lindl.

附生草本。茎下垂或弯垂。叶互生于整个茎上，长圆状披针形，长 13 ～ 25cm，宽 1.5 ～ 4.5cm，先端渐尖，基部具鞘。伞状花序近无花序柄，每 2 ～ 6 花为一束，花金黄色，唇盘两侧各具 1 个栗色斑块。花期 9 ～ 10 月。附生于海拔 700 ～ 2500m 的山地密林中树干上或山谷阴湿的岩石上。

鼓槌石斛 *Dendrobium chrysotoxum* Lindl.

附生草本。茎纺锤形，近顶端具 2 ～ 5 枚叶。叶片长圆形，长达 19cm，宽 2 ～ 3.5cm。总状花序斜出或稍下垂，花金黄色，稍带香气，唇瓣的颜色比萼片和花瓣深。花期 3 ～ 5 月。生于海拔 520 ～ 1620m 阳光充足的常绿阔叶林中树干上或疏林下岩石上。

鼓槌石斛

玫瑰石斛 *Dendrobium crepidatum* Lindl. ex Paxt.

附生草本。茎肉质状肥厚。叶片狭披针形，长 5 ～ 10cm，宽 1 ～ 2.5cm，先端渐尖，基部具抱茎的膜质鞘。总状花序具 1 ～ 4 朵花，花梗和子房淡紫红色，萼片和花瓣白色，中上部淡紫色，唇瓣中部以上淡紫红色，中部以下金黄色。花期 3 ～ 4 月。生于海拔 1000 ～ 1800m 的山地疏林中树干上或山谷岩石上。

玫瑰石斛

齿瓣石斛 *Dendrobium devonianum* Paxt.

附生草本。茎细圆柱形。叶 2 列互生，狭卵状披针形，长 8 ～ 13cm，宽 1.2 ～ 2.5cm，叶鞘常具紫红色斑点。总状花序每个具 1 ～ 2 朵花，花开展，具香气，中萼片白色，上部具紫红色晕，具 5 条紫色的脉，花瓣边缘具短流苏，唇瓣白色，前部紫红色，中部以下两侧具紫红色条纹。花期 4 ～ 5 月。生于海拔 750 ～ 2000m 的山地密林中树干上。

齿瓣石斛

串珠石斛 *Dendrobium falconeri* Hook.

附生草本。茎细圆柱形，节间常膨大成念珠状。叶片狭披针形，长 5 ～ 7cm，宽 3 ～ 5mm，叶鞘纸质，通常水红色。总状花序侧生，单朵，花苞片白色，花梗绿色与浅黄绿色带紫红色斑点的子房纤细，花大，开展，很美丽。花期 5 ～ 6 月。生于海拔 800 ～ 1900m 的山谷岩石上和山地密林中树干上。

串珠石斛

流苏石斛 *Dendrobium fimbriatum* Hook.

附生草本。茎圆柱形。叶 2 列，长圆形或长圆状披针形，长 8 ～ 18.5cm，宽 2 ～ 3.6cm，先端急尖，基部具紧抱于茎的革质鞘。总状花序，花金黄色，稍具香气，唇瓣比萼片和花瓣的颜色深，基部两侧具紫红色条纹并且收狭为长约 3mm 的爪，边缘具复流苏。花期 4 ～ 6 月。生于海拔 600 ～ 1700m 的密林中树干上及岩石上。

流苏石斛

杯鞘石斛 *Dendrobium gratiosissimum* Rchb. f.
附生草本。茎圆柱形，具肿大的节。叶片长圆形，长 8 ～ 11cm，宽 1.5 ～ 1.8cm。总状花序具 1 ～ 2 朵花，花白色带淡紫色先端，有香气，唇瓣两侧具多数紫红色条纹，边缘具睫毛，上面密生短毛，唇盘中央具淡黄色横生的半月形斑块，蕊柱白色，正面具紫色条纹。花期 4 ～ 5 月，果期 6 ～ 7 月。生于海拔 800 ～ 1700m 的山地疏林中树干上。

滇桂石斛 *Dendrobium guangxiense* S. J. Cheng et C. Z. Tang
附生草本。茎圆柱形，具多数节。叶 2 列，长圆状披针形，长 3 ～ 4(～ 6)cm，宽 7 ～ 9(～ 15)mm，先端钝并且稍不等侧 2 裂，基部收狭为抱茎的鞘。总状花序生于无叶的老茎上，具 1 ～ 3 朵花，花近白色，枝淡黄色具粉色斑，唇瓣淡黄色，基部红紫色。花期 4 ～ 5 月。生于海拔 1200m 的石灰山岩石上或树干上。

细叶石斛 *Dendrobium hancockii* Rolfe
附生草本。茎圆柱形或有时基部上方有数个节间膨大而形成纺锤形。叶片狭长圆形，长 3 ～ 10cm，宽 3 ～ 6mm，先端钝并且不等侧 2 裂，基部具革质鞘。总状花序具 1 ～ 2 朵花，花金黄色，仅唇瓣侧裂片内侧具少数红色条纹。花期 5 ～ 6 月。生于海拔 700 ～ 1000m 的山地栎林中树干上或山谷岩石上。

苏瓣石斛 *Dendrobium harveyanum* Rchb. f.
附生草本。茎纺锤形。叶斜立，常 2 ～ 3 枚互生于茎的上部，长圆形或狭卵状长圆形，长 10.5 ～ 12.5cm，宽 1.6 ～ 2.6cm。总状花序疏生少数花，花金黄色，质地薄，花瓣边缘密生长流苏，唇瓣边缘具复式流苏。花期 3 ～ 4 月。生于海拔 1100 ～ 1700m 的疏林中树干上。

疏花石斛 *Dendrobium henryi* Schltr.
附生草本。茎圆柱形。叶 2 列，长圆形或长圆状披针形，长 8.5 ～ 11cm，宽 1.5 ～ 3cm，先端两侧不对称，先端渐尖或急尖，基部收狭并且扩大为鞘。总状花序具 1 ～ 2 朵花，花金黄色，芳香。花期 6 ～ 9 月。生于海拔 600 ～ 1700m 的山地林中树干上或山谷阴湿岩石上。

重唇石斛 Dendrobium hercoglossum Rchb. f.

附生草本。茎圆柱形。叶片狭长圆形或长圆状披针形，长 4 ~ 10cm，宽 4 ~ 8mm，先端钝并且不等侧 2 圆裂。总状花序常具 2 ~ 3 朵花，花梗和子房淡粉红色，萼片和花瓣淡粉红色，唇瓣白色，后唇前端密生短流苏，前唇淡粉红色。花期 5 ~ 6 月。生于海拔 590 ~ 1260m 的山地密林中树干上和山谷湿润岩石上。

尖刀唇石斛 Dendrobium heterocarpum Lindl.

附生草本。茎呈棒状，节肿大。叶片长圆状披针形，长 7 ~ 10cm，宽 1.2 ~ 2cm，先端急尖或稍钝，基部具抱茎的膜质鞘。总状花序，花苞片浅白色，花具香气，萼片和花瓣银白色或奶黄色，唇瓣侧裂片黄色带红色条纹，中裂片银白色或奶黄色，上面密布红褐色短毛。花期 3 ~ 4 月。生于海拔 1500 ~ 1750m 的山地疏林中树干上。

小黄花石斛 Dendrobium jenkinsii Lindl.

附生草本。植物体各部分较小，叶片长圆形，长 1 ~ 5cm，宽 6 ~ 30mm，基部收狭，先端钝并且微凹，边缘多少波状。总状花序具 1 ~ 3 朵花，花橘黄色，开展，唇瓣密被短柔毛。花期 4 ~ 5 月。常生于海拔 700 ~ 1300m 的疏林中树干上。

美花石斛 Dendrobium loddigesii Rolfe

附生草本。茎细圆柱形。叶 2 列，舌形、长圆状披针形或稍斜长圆形，长 2 ~ 4cm，宽 1 ~ 1.3cm，先端锐尖而稍钩转，基部具鞘。花白色或紫红色，每束 1 ~ 2 朵侧生于具叶的老茎上部，唇瓣上面中央金黄色，周边淡紫红色。花期 4 ~ 5 月。生于海拔 400 ~ 1500m 的山地林中树干上或林下岩石上。

长距石斛 Dendrobium longicornu Lindl.

附生草本。茎圆柱形。叶片狭披针形，长 3 ~ 7cm，宽 5 ~ 14mm，两面和叶鞘均被黑褐色粗毛。总状花序具 1 ~ 3 朵花，花开展，除唇盘中央橘黄色外，其余为白色。花期 9 ~ 11 月。生于海拔 1200 ~ 2500m 的山地林中树干上。

勐海石斛 Dendrobium minutiflorum S. C. Chen et Z. H. Tsi

附生草本。茎狭卵形。叶片狭长圆形，长 1.5 ~

5.5cm，宽 4 ～ 7mm，先端钝并且不等侧 2 裂，基部扩大为鞘，叶鞘抱茎。总状花序 1 ～ 3 个，具数朵小花，花绿白色或淡黄色，开展。花期 8 ～ 9 月。生于海拔 1000 ～ 1400m 的山地疏林中树干上。

杓唇石斛 *Dendrobium moschatum* (Buch.-Ham) Sw

附生草本。茎圆柱形。叶 2 列，互生于茎的上部，长圆形至卵状披针形，长 10 ～ 15cm，宽 1.5 ～ 3cm，先端渐尖或不等侧 2 裂，基部具紧抱于茎的纸质鞘。总状花序出自去年生具叶或已落叶的茎顶端，下垂，花深黄色、粉色或白色具玫瑰色先端。花期 4 ～ 6 月。生于海拔 1300m 的疏林中树干上。

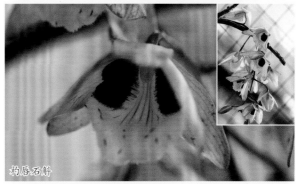

石斛 *Dendrobium nobile* Lindl.

附生草本。茎肉质状肥厚，节有时稍肿大。叶片长圆形，长 6 ～ 11cm，宽 1 ～ 2cm，先端钝并且不等侧 2 裂，基部具抱茎的鞘。总状花序从具叶或已落叶的老茎中、上部发出，花淡红白色、淡粉红色、白色带淡紫色先端，有时全体淡紫红色或除唇盘上具 1 个紫红色斑块外，其余均为白色。果纺锤形，具长柄。花期 4 ～ 5 月。生于海拔 480 ～ 1700m 的山地常绿阔叶林中树干上或江边岩石上。

铁皮石斛 *Dendrobium officinale* Kimura et Migo

附生草本。茎圆柱形。叶 2 列，长圆状披针形，长 3 ～ 4cm，宽 9 ～ 11mm，先端钝并且多少钩转，基部下延为抱茎的鞘，边缘和中肋常带淡紫色，叶鞘常具紫斑。总状花序，萼片和花瓣黄绿色，唇瓣白色，中部以下两侧具紫红色条纹，中部以上具 1 个紫红色斑块。花期 3 ～ 6 月。生于海拔达 1600 ～ 2200m 的山地半阴湿的岩石上。

肿节石斛 *Dendrobium pendulum* Roxb.

附生草本。茎肉质状肥厚，节肿大呈算盘珠子样。叶片长圆形，长 9 ～ 12cm，宽 1.7 ～ 2.7cm，先端急尖，基部具抱茎的鞘。总状花序，花苞片浅白色，花大，白色，上部紫红色，具香气，萼囊紫红色，花瓣阔边缘具细齿，唇瓣白色，中部以下金黄色，上部紫红色，边缘具睫毛。花期 3 ～ 4

月。生于海拔 1050 ～ 1600m 的山地疏林中树干上。

报春石斛 *Dendrobium primulinum* Lindl.
附生草本。茎圆柱形。叶 2 列，披针形或卵状披针形，长 8 ～ 10.5cm，宽 2 ～ 3cm，先端钝并且不等侧 2 裂。总状花序具 1 ～ 3 朵花，花开展，下垂，萼片和花瓣淡玫瑰色，萼囊狭圆锥形，唇瓣淡黄色带淡玫瑰色先端。花期 3 ～ 4 月。生于海拔 700 ～ 1800m 的山地疏林中树干上。

竹枝石斛 *Dendrobium salaccense* (Bl.) Lindl.
附生草本。茎似竹枝。叶 2 列，狭披针形，长 10 ～ 14.5cm，宽 7 ～ 11mm，向先端渐尖，先端一侧多少钩转，基部收窄为叶鞘。花序与叶对生，花苞片近蚌壳状，花梗和子房黄绿色，花黄褐色，唇瓣紫色，上面具 1 条黄色的龙骨脊。花期 2 ～ 4（～ 7）月。常生于海拔 650 ～ 1000m 的林中树干上或疏林下岩石上。

球花石斛 *Dendrobium thyrsiflorum* Rchb. f.
附生草本。茎圆柱形。叶片长圆形或长圆状披针形，长 9 ～ 16cm，宽 2.4 ～ 6cm，先端急尖，基部不下延为抱茎的鞘。总状花序密生许多花，花梗和子房浅白色带紫色条纹，花开展，萼片和花瓣白色，唇瓣金黄色。花期 4 ～ 7 月，果期 12 月。生于海拔 750 ～ 1800m 的山地林中树干上。

翅梗石斛 *Dendrobium trigonopus* Rchb. f.
附生草本。茎呈纺锤形。叶片长圆形，长 8 ～ 9.5cm，宽 1.2 ～ 2.5cm，短鞘在背面被黑色粗毛。总状花序常具 2 朵花，花梗和子房黄绿色，花下垂，除唇盘稍带浅绿色外，均为蜡黄色，唇瓣直立。花期 3 ～ 4 月。生于海拔 1150 ～ 1600m 的山地林中树干上。

大苞鞘石斛 *Dendrobium wardianum* Warner
附生草本。茎圆柱形，节间多少肿胀呈棒状。叶 2 列，狭长圆形，长 5.5 ～ 17cm，宽 1.7 ～ 2.5cm，先端急尖，基部具鞘，叶鞘紧抱于茎。总状花序具 1 ～ 3 朵花，花梗和子房白色带淡紫红色，花大，白色带紫色先端。花期 4 ～ 5 月。生于海拔 1350 ～ 1900m 的山地疏林中树干上。

粗茎毛兰 *Eria amica* Rchb. f.

附生草本。假鳞茎纺锤形。叶片长椭圆形或卵状椭圆形，长 10～15cm，宽 1.3～2.3cm，先端急尖，基部渐狭成柄。花序 1～2 个，从假鳞茎中上部的鞘中发出，疏生 6～10 朵花，花序轴密生锈色卷曲柔毛，萼片和花瓣黄色带紫褐色脉纹，唇瓣黄色。花期 3～4 月，果期 6 月。生于海拔 900～2200m 的林中树上。

粗茎毛兰

半柱毛兰 *Eria corneri* Rchb. f.

附生草本。假鳞茎密集着生。叶片椭圆状披针形至倒卵状披针形，长 15～45cm，宽 1.5～6cm，先端渐尖或长渐尖，基部收狭成长柄。花序从假鳞茎近顶端叶的外侧发出，总状花序，花白色或略带黄色。蒴果倒卵状圆柱状。花期 8～9 月，果期 10～12 月。生于海拔 700～1500m 的溪谷旁或林中、林缘的树上或岩石上。

半柱毛兰

瓜子毛兰 *Eria dasyphylla* Par. et Rchb. f.

附生草本。矮小植物，全体被灰白色长硬毛。叶片肉质，椭圆形，长 1～1.5cm，宽 4～6mm，形似瓜子，先端钝，基部收狭，在叶柄与叶片连接处具关节，叶柄基部具 1 枚喇叭状的鞘。花序从叶内侧发出，单花，花淡黄色。花期 6～9 月，果期不详。生于海拔 950～1950m 的树上。

瓜子毛兰

棒茎毛兰 *Eria marginata* Rolfe

附生草本。假鳞茎密集着生，棒槌状。叶片长圆状披针形或卵状披针形，长 5～11cm，宽 1～2cm，基部渐收狭，无柄。花序着生于假鳞茎上部叶的下方，花梗和子房密被白色绵毛，花白色，具香气。花期 12 月至翌年 2 月，果期 5 月。生于海拔 1300～2000m 的林缘树干上。

棒茎毛兰

网鞘毛兰 *Eria muscicola* (Lindl.) Lindl.

附生草本。植株矮小，全体无毛。假鳞茎密生。叶片倒披针形，长 1～5cm，宽 4～7mm，先端急尖或圆形而具细尖，基部收狭，叶柄与叶片之间具稍膨大的关节。花序生于假鳞茎顶端，花小，淡绿色。花期 7～8 月，果期 10 月。生于海拔 1750～2500m 的密林中树枝上、河边枯树上或岩石上。

网鞘毛兰

长苞毛兰 *Eria obvia* W. W. Smith
附生草本。假鳞茎纺锤形。叶片椭圆形或倒卵状披针形，长 5～20cm，宽 1.5～3cm，先端钝，基部渐狭。花序生于近假鳞茎顶端叶的外侧，多花，花白色或淡黄白色。花期 9～10 月。生于海拔 1300～1500m 的灌丛或林中树干上。

指叶毛兰 *Eria pannea* Lindl.
附生草本。植物体较小，幼时全体被白色绒毛，假鳞茎上部近顶端处着生 3～4 枚叶。叶片肉质，圆柱形，稍两侧压扁，长 4～20cm，粗约 3mm，近轴面具槽。花序着生于假鳞茎顶部，具 1～4 朵花，花黄色。花期 4～5 月。生于海拔 1300～2200m 的林中树上或林下岩石上。

黄绒毛兰 *Eria tomentosa* (K. D. Koen.) Hook. f.
附生草本。假鳞茎椭圆形。叶较厚，椭圆形或长圆状披针形，长 10～24cm，宽 1～5cm，先端急尖，基部渐收狭，具关节。花序从假鳞茎近基部处发出，密被黄棕色的绒毛，具十余朵花，花梗、子房及萼片密被黄棕色绒毛，花黄白色至黄褐绿色。花期 3～6 月，果期 8 月。附生于海拔 650～1100m 的树上或岩石上。

毛梗兰 *Eriodes barbata* (Lindl.) Rolfe
附生草本。假鳞茎近球形，顶生 2～3 枚叶。叶片长圆形，长达 37cm，宽 3cm，先端长渐尖，基部收狭为长柄，为鞘所包裹。花葶疏生少数至多数花，花淡黄色带紫红色脉纹，花瓣紫红色，唇瓣淡黄色带紫红色条纹。花期 10～11 月。生于海拔 1400～1700m 的山地林缘或疏林中树干上。

紫花美冠兰 *Eulophia spectabilis* (Dennst.) Suresh
地生草本。假鳞茎近球形。叶片长圆状披针形，长 15～40cm，宽 1.5～6cm，先端渐尖，基部收狭成柄。花叶同时，总状花序直立，通常疏生数朵花，花紫红色，唇瓣稍带黄色。花期 4～6 月。生于海拔 200～1550m 的混交林中或草坡上。

滇金石斛 *Flickingeria albopurpurea* Seidenf.
附生草本。茎多分枝。假鳞茎稍扁纺锤形，顶

生 1 枚叶。叶片长圆形或长圆状披针形，长 9 ～ 19.5cm，宽 2 ～ 3.6cm，先端钝且 2 裂。花序出自叶腋和叶基部的远轴面一侧，具 1 ～ 2 朵花，花梗和子房淡黄色，萼片和花瓣白色，唇瓣白色。花期 6 ～ 7 月。生于海拔 800 ～ 1600m 的山地疏林中树干上或林下岩石上。

滇金石斛

大花盆距兰 *Gastrochilus bellinus* (Rchb. f.) Kuntze

附生草本。茎粗壮，叶片带状，长 11.5 ～ 23.5cm，宽 1.5 ～ 2.3cm，先端不等侧 2 裂。伞形花序侧生，具 4 ～ 6 朵花，花梗和子房淡黄色带紫晕，花大，萼片和花瓣淡黄色带棕紫色斑点，前唇白色带少数紫色斑点。花期 4 月。生于海拔 1600 ～ 1900m 的山地密林中树干上。

大花盆距兰

盆距兰 *Gastrochilus calceolaris* (Buch.-Ham. ex J. E. Smith) D. Don

附生草本。茎常弧形弯曲，具多数叶。叶 2 列互生，稍肉质，常镰刀状狭长圆形，长 6 ～ 24cm，宽 1 ～ 2.3cm。伞形花序，萼片和花瓣黄色带紫褐色斑点，花瓣前唇边缘具不整齐的流苏，增厚垫状物黄色带紫色斑点。蒴果棕色，圆筒形。花期 3 ～ 4 月，果期 9 ～ 10 月。生于海拔 1500 ～ 2700m 的山地林中树干上。

盆距兰

无茎盆距兰 *Gastrochilus obliquus* (Lindl.) Kuntze

附生草本。茎粗短，具 3 ～ 5 枚叶。叶 2 列，稍肉质，长圆形至长圆状披针形，长 8 ～ 20cm，宽 1.7 ～ 4cm，先端钝并且不等侧 2 裂。花序近伞形，出自茎的基部侧旁，花芳香，萼片和花瓣黄色带紫红色斑点，花瓣匙形，前唇白色，边缘撕裂状，后唇兜状，末端外侧黄色带紫红色斑点。花果期 5 ～ 11 月。生于海拔 500 ～ 950m 的山地林缘树干上。

无茎盆距兰

勐海天麻 *Gastrodia menghaiensis* Z. H. Tsi et S. C. Chen

地生草本，高 13 ～ 30cm，根多少块茎状。茎直立，无绿叶。总状花序具 3 ～ 10 朵花，花苞片淡褐色，花近直立，白色，萼片和花瓣合生成的花被筒，顶端 5 枚裂片的边缘皱波状，唇瓣基部有

勐海天麻

长爪，果梗长达 2.2cm。花果期 9 ～ 11 月。生于海拔 1200m 的林下。

地宝兰 Geodorum densiflorum (Lam.) Schltr.
地生草本。假鳞茎为椭圆状。叶片椭圆形、狭椭圆形或长圆状披针形，长 10 ～ 29cm，宽 2 ～ 7cm，先端渐尖，基部收狭成柄，叶柄常套叠成假茎。花葶从植株基部鞘中发出，总状花序俯垂，花白色。花期 5 ～ 7 月，果期 9 月。生于海拔 310 ～ 2400m 的河边灌丛中。

高斑叶兰 Goodyera procera (Ker-Gawl.) Hook.
地生草本。茎具 6 ～ 8 枚叶。叶片长圆形或狭椭圆形，长 7 ～ 15cm，宽 2 ～ 5.5cm，先端渐尖，基部渐狭，叶柄长 3 ～ 7cm。总状花序具多数密生的小花，似穗状，花小，白色带淡绿，芳香。花期 4 ～ 5 月。生于海拔 900 ～ 1550m 的林下。

鹅毛玉凤花 Habenaria dentata (Sw.) Schltr.
地生草本。块茎肉质，茎粗壮，具 3 ～ 5 枚疏生的叶。叶片长圆形至长椭圆形，长 4 ～ 12cm，宽 1.5 ～ 4cm，先端急尖或渐尖，基部抱茎。总状花序常具多朵花，花白色，萼片和花瓣边缘具缘毛，距细圆筒状棒形，长达 4cm。花期 8 ～ 10 月。生于海拔 750 ～ 2300m 的山坡林下或沟边。

短距舌喙兰 Hemipilia limprichtii Schltr.
直立草本。茎具 1 枚叶，叶片心形、卵状心形或卵形，长可达 6cm，先端近急尖，基部心形，鞘状退化叶卵状披针形，先端渐尖。总状花序通常具十余朵花，花紫红色。花期 8 月。生于海拔 1600m 的山坡或开旷的湿地。

角盘兰 Herminium monorchis (L.) R. Br.
地生草本。块茎球形，肉质。茎基部具 2 枚筒状鞘，下部具 2 ～ 3 枚叶。叶片狭椭圆状披针形或狭椭圆形，长 2.8 ～ 10cm，宽 0.8 ～ 2.5cm，先端急尖，基部渐狭并略抱茎。总状花序具多数花，花小，黄绿色。花期 6 ～ 7 月。生于海拔 600 ～ 4300m 的山坡林下、林缘灌丛中、山坡草地或河滩沼泽草地中。

大根槽舌兰 *Holcoglossum amesianum* (Rchb. f.) Christenson

附生草本。茎被叶鞘所包。叶近基生，斜立并向外弯，狭长，两侧常对折，长9～30cm，宽5～10mm。总状花序直立，具数朵花，花淡粉红色，唇瓣淡紫红色，距狭圆锥形。花期3月。生于海拔1250～1800m的山地常绿阔叶林中树干上。

管叶槽舌兰 *Holcoglossum kimballianum* (Rchb. f.) Garay

附生草本。植株通常下垂。叶片圆柱形，长30～60cm，粗3～4mm，先端渐尖，基部扩大为鞘，近轴面具1条凹槽。花序弯垂，总状花序疏生多数花，花大，萼片和花瓣白色带淡色紫晕，唇瓣紫色，距白色，狭长。花期10～11月。生于海拔1000～1630m的山地林中树干上。

湿唇兰 *Hygrochilus parishii* (Rchb. f.) Pfitz.

附生草本。茎上部具3～5枚叶。叶片长圆形或倒卵状长圆形，长17～29cm，宽3.5～5.5cm，先端不等侧2圆裂，基部通常楔形收狭。花序1～6个，总状花序侧生，疏生5～8朵花，花大，稍肉质，萼片和花瓣黄色带暗紫色斑点。花期6～7月。生于海拔700～1300m的山地疏林中大树干上。

扁球羊耳蒜 *Liparis elliptica* Wight

附生草本。假鳞茎密集，压扁，顶端具2叶。叶片狭椭圆形或狭卵状长圆形，长3.5～11cm，宽1～2.8cm，先端急尖至短渐尖，基部收狭成短柄。总状花序具数朵至数十朵花，花淡黄绿色。花期11月至翌年2月，果期5月。生于海拔650～1630m的林中树上。

长茎羊耳蒜 *Liparis viridiflora* (Bl.) Lindl.

附生草本。假鳞茎密集，顶端具2叶。叶片线状倒披针形或线状匙形，长5～30cm，宽1.2～3cm，先端渐尖并有细尖，基部收狭成柄，有关节。花序柄两侧有很狭窄的翅，总状花序具数十朵小花，花绿白色或淡绿黄色，较密集。花期9～12月，果期翌年1～4月。生于海拔650～2300m的山谷林中树上或石上。

血叶兰 *Ludisia discolor* (Ker-Gawl.) A. Rich.

地生草本。基部具 3～4 枚叶，叶片卵形或卵状长圆形，肉质，长 3～7cm，宽 2～3cm，上面黑绿色，具 5 条金红色有光泽的脉，背面淡红色。总状花序具几朵至十余朵花，花苞片带淡红色，花白色或带淡红色。花期 2～4 月。生于海拔 900～1300m 的常绿阔叶林下。

大花钗子股 *Luisia magniflora* Z. H. Tsi et S. C. Chen

附生草本。茎直立，叶斜立，肉质，圆柱形，长 9～18cm，粗 2～3mm，先端钝，基部具 1 个关节，在关节之下扩大为抱茎的鞘。总状花序常具 2～3 朵花，花近肉质，萼片和花瓣黄绿色，在背面具紫红色斑点，唇瓣暗紫色，蕊柱黄绿色。花期 4～7 月。生于海拔 650～1900m 的疏林中树干上。

浅裂沼兰 *Malaxis acuminata* D. Don

地生或半附生草本。具肉质茎。肉质茎圆柱形。叶片斜卵形、卵状长圆形或近椭圆形，长 4～13cm，宽 1～5cm，先端渐尖，基部收狭成柄。总状花序具多花，花紫红色。花果期 5～7 月。生于海拔 550～2100m 的沟谷林、杂木林中和林缘。

美叶沼兰 *Malaxis calophylla* (Rchb. f.) Kuntze

地生草本。具肉质茎。叶 2～4 枚，斜卵形、卵状椭圆形或狭卵形，长 3.5～8cm，宽 1.5～4cm，叶面淡褐色，两侧具白色斑带，先端渐尖，基部收狭成柄。总状花序具 10～20 朵或更多的花，花淡黄绿色，仅唇瓣基部紫红色。花期 7 月，果期 9 月。生于海拔 800～1200m 的密林下。

阔叶沼兰 *Malaxis latifolia* J. E. Smith

地生或半附生草本。具肉质茎。叶片斜卵状椭圆形、卵形或狭椭圆状披针形，长 6～20cm，宽 3～7.5cm，先端渐尖或长渐尖，基部收狭成柄。总状花序具数十朵或更多的花，花紫红色至绿黄色，密集，较小。花期 5～8 月，果期 8～12 月。生于海拔 980～1500m 的林下、灌丛中或岩石上。

毛唇芋兰 *Nervilia fordii* (Hance) Schltr.
地生草本。叶 1 枚，在花凋谢后长出，心状卵形，
长 5cm，宽约 6cm，先端急尖，基部心形，边缘波状。
总状花序具 3 ～ 5 朵花，花半张开，萼片和花瓣
淡绿色，具紫色脉，唇瓣白色，具紫色脉。花期
5 月。生于海拔 220 ～ 1000m 的山坡或沟谷林下
阴湿处。

七角叶芋兰 *Nervilia mackinnonii* (Duthie) Schltr.
地生草本。块茎球形，叶 1 枚，在花凋谢后长出，
七角形，长 2.5 ～ 4.5cm，宽 3.7 ～ 5cm，具 7 条
主脉，在脉末端呈角状。花序仅具 1 朵花，萼片
淡黄色，带紫红色，唇瓣白色，凹陷。花期 5 月。
生于海拔 900 ～ 1350m 的林下。

显脉鸢尾兰 *Oberonia acaulis* Griff.
附生草本。叶近基生，3 ～ 4 枚，2 列套叠，略肥厚，
剑形，长 4.5 ～ 17cm，宽 7 ～ 10mm，先端长渐尖，
下部内侧多少具膜质边缘，基部有关节。总状花
序较密集地生有数百朵小花，花绿黄白色，唇瓣
3 裂。花果期 10 月至翌年 1 月。生于海拔 1600m
以下的林中树上。

短耳鸢尾兰 *Oberonia falconeri* Hook. f.
附生草本。叶近基生，3 ～ 6 枚，2 列套叠，两侧
压扁，剑形，长 1.5 ～ 14cm，宽 5 ～ 15mm，先
端渐尖，向下部渐宽，基部有关节。总状花序具
百余朵，花白色、绿色至绿黄色，常较密集。花
果期 8 ～ 11 月。生于海拔 700 ～ 2500m 的林下
或灌丛中的树皮上。

条裂鸢尾兰 *Oberonia jenkinsiana* Griff. ex Lindl.
附生草本。叶 4 ～ 6 枚，2 列互生，两侧压扁，
肥厚，线状披针形，长 3 ～ 15cm，宽 3 ～ 7mm，
先端渐尖或钝，基部逐渐收狭，下部内侧具宽阔
的干膜质边缘，基部无关节。总状花序密生百余
朵小花，花黄色，花瓣近卵形，唇瓣 3 裂。花果
期 5 月至翌年 3 月。生于海拔 1100 ～ 2700m 的
林中树上。

棒叶鸢尾兰 *Oberonia myosurus* (Forst. f.) Lindl.
附生草本。叶近基生，4 ～ 5 枚，近圆柱形，基
部两侧压扁并互相套叠，肉质，常稍弯曲，长

4 ～ 14cm，粗 3 ～ 5mm，基部一侧有白色透明的干膜质边缘。总状花序下垂，具密集的小花，花白色或绿白色，仅唇瓣与蕊柱常略带浅黄褐色。花果期 8 ～ 10 月。生于海拔 1200 ～ 1500m 的林下或灌丛中的树木枝条上。

扁葶鸢尾兰 Oberonia pachyrachis Rchb. f. ex Hook. f.

附生草本。叶近基生，数枚，不明显的 2 列套叠，两侧压扁，肥厚，剑形，长 7 ～ 10cm，宽 6 ～ 15mm，先端急尖或渐尖，基部有关节。总状花序貌似穗状花序，花极小，淡褐色。花期 11 月至翌年 3 月，果期 5 月。生于海拔 2100m 密林下树上。

裂唇鸢尾兰 Oberonia pyrulifera Lindl.

附生草本。叶 3 ～ 4 枚，近基生或茎生，两侧压扁，肥厚，通常稍镰刀状弯曲，长 2.5 ～ 6cm，宽 3 ～ 7mm，先端渐尖，边缘干后常呈皱波状，下部内侧具干膜质边缘，基部具关节。总状花序具数十朵或百余朵花，花黄色。花期 9 ～ 11 月，果期 6 月至翌年 3 月。生于海拔 1700 ～ 2800m 的林中树上。

羽唇兰 Ornithochilus difformis (Lindl.) Schltr.

附生草本。叶片通常不等侧倒卵形或长圆形，长 7 ～ 19cm，宽达 5.5cm，先端急尖而钩转，基部楔状收窄。花序常下垂，疏生许多花，花开展，黄色带紫褐色条纹，中萼片和侧萼片具紫褐色的条纹，唇瓣褐色。花果期 5 ～ 8 月。生于海拔 900 ～ 2100m 的林缘或山地疏林中树干上。

狭叶耳唇兰 Otochilus fuscus Lindl.

附生草本。假鳞茎近圆筒形。叶 2 枚近等大，线状披针形或近线形，长 10 ～ 20cm，宽 7 ～ 11mm，先端长渐尖或渐尖，中脉稍偏于一侧。总状花序具十余朵花，花白色或带浅黄色，唇瓣 3 裂，囊近球形，蕊喙鹦鹉嘴状。花期 3 月，果期 10 月。生于海拔 1200 ～ 2100m 林中树上。

平卧曲唇兰 Panisea cavalerei Schltr.

附生草本。假鳞茎顶端生 1 枚叶。叶片狭椭圆形

棒叶鸢尾兰

扁葶鸢尾兰

裂唇鸢尾兰

羽唇兰

狭叶耳唇兰

至椭圆形，长 2.6 ～ 1.6cm，宽 1.2 ～ 1.6cm，先
端急尖或钝。花葶短，花单朵，淡黄白色，唇瓣
基部凹陷而多少呈浅杯状。花期 12 月至翌年 4 月。
生于海拔 1700 ～ 2100m 的常绿阔叶林中树干上
或岩石上。

同色兜兰 *Paphiopedilum concolor* (Bateman) Pfitz.

地生或半附生草本。叶基生，2 列，4 ～ 6 枚，
叶片狭椭圆形至椭圆状长圆形，长 7 ～ 18cm，宽
3.5 ～ 4.5cm，先端钝并略不对称，叶面有深浅绿
色相间的网格斑，背面具极密集的紫点。花淡黄
色，具紫色细斑点。花期通常 6 ～ 8 月。生于海
拔 300 ～ 1400m 的石灰岩山草丛中或石缝中。

白花凤蝶兰 *Papilionanthe biswasiana* (Ghose et Mukerjee) Garay

附生草本。茎粗壮。叶互生，肉质，圆柱形，长
13 ～ 16cm，粗 3 ～ 4mm，向先端渐狭而距先端
约 2cm 处骤然收狭然后变为细尖。总状花序，花
大，乳白色或有时染有淡粉红色。花期 4 月。生
于海拔 1700 ～ 1900m 的山地林中树干上。

钻柱兰 *Pelatantheria rivesii* (Guillaum.) T. Tang et F. T. Wang

附生草本。叶片舌形，伸展，长 3 ～ 4cm，宽 1 ～
1.5cm，先端钝并且不等侧 2 裂。总状花序，花序
柄很短，花质地厚，萼片和花瓣淡黄色带褐色条
纹，唇瓣粉红色。花期 10 月。生于海拔 700 ～
1100m 的常绿阔叶林中树干上或林下岩石上。

阔蕊兰 *Peristylus goodyeroides* (D. Don) Lindl.

地生草本。叶片椭圆形或卵状披针形，长 3.5 ～
15cm，宽 2.5 ～ 5.5cm，先端钝尖或急尖，基部
收狭成抱茎的鞘。总状花序密生花，圆柱状，子
房扭转，花绿色、淡绿色至白色，唇瓣中部以上
常向后弯，基部具球状距。花期 7 ～ 10 月。生于
海拔 300 ～ 2150m 的山坡阔叶林下、灌丛下、山
坡草地或山脚路旁。

撕唇阔蕊兰 *Peristylus lacertiferus* (Lindl.) J. J. Smith

地生草本。块茎长近球形，叶集生，长圆状披针

平卧曲唇兰

同色兜兰

白花凤蝶兰

钻柱兰

阔蕊兰

形或卵状披针形，长 5 ～ 7cm，宽 1.5 ～ 2.5cm，
先端急尖，基部收狭成抱茎的鞘。总状花序具多
数密生的花，子房圆柱状纺锤形，花小，常绿白
色或白色，萼片凹陷呈舟状。花期 8 ～ 10 月。生
于海拔 600 ～ 1270m 的山坡林下、灌丛下或山坡
草地向阳处。

撕唇阔蕊兰

长茎鹤顶兰 *Phaius longicruris* Z. H. Tsi
地生草本。叶互生于假鳞茎上部，叶片椭圆形或
椭圆状披针形，长 22 ～ 35cm，宽 6 ～ 7.5cm，
先端长渐尖，基部收狭并下延为鞘。总状花序
具少数花，萼片和花瓣淡黄绿色，唇瓣白色，
唇盘具 3 条黄绿色的龙骨状脊突，距黄色。花
期 8 ～ 10 月。生于海拔 950 ～ 1400m 的沟谷密
林下。

长茎鹤顶兰

节茎石仙桃 *Pholidota articulata* Lindl.
附生草本。假鳞茎近圆筒形。叶 2 枚，生于新假
鳞茎顶端，花期叶已长成，倒卵状椭圆形、长圆
形或狭椭圆形，长 7 ～ 17.5cm，宽 2.7 ～ 6.2cm，
先端近急尖或钝，具折扇状脉。总状花序，花通
常淡绿白色或白色而略带淡红色，2 列排列。花
期 6 ～ 8 月，果期 10 ～ 12 月。生于海拔 800 ～
2500m 的林中树上或岩石上。

节茎石仙桃

**凹唇石仙桃 *Pholidota convallariae* (Rchb. f.)
Hook. f.**
附生草本。假鳞茎匍匐，顶端生 2 叶。叶片狭椭
圆形，长 15 ～ 20cm，宽 2 ～ 2.5cm，先端钝或
短渐尖，基部收狭成柄。花葶生于假鳞茎顶端，
总状花序通常具十余朵花，花较小。花期 3 ～ 5
月，果期 6 ～ 8 月。生于海拔 1500m 的阔叶林树
干上。

凹唇石仙桃

宿苞石仙桃 *Pholidota imbricata* Hook.
附生草本。假鳞茎密接，略带 4 钝棱，顶端生 1 叶。
叶片长圆状倒披针形、长圆形至近宽倒披针形，
长 4 ～ 8cm，宽 1 ～ 1.5cm，先端短渐尖或急尖，
基部楔形。总状花序下垂，花白色或略带红色。
蒴果倒卵状椭圆形。花期 6 ～ 9 月，果期 10 月至
翌年 1 月。生于海拔 800 ～ 2700m 的林中树上或
岩石上。

宿苞石仙桃

独蒜兰 *Pleione bulbocodioides* (Franch.) Rolfe
半附生草本。假鳞茎卵形，顶端具 1 枚叶。叶在花期尚幼嫩，长成后狭椭圆状披针形或近倒披针形，长 10 ～ 25cm，宽 2 ～ 5.8cm，先端通常渐尖，基部渐狭成柄。花葶从无叶的老假鳞茎基部发出，花粉红色至淡紫色，唇瓣上有深色斑，唇瓣上部边缘撕裂状。花期 4 ～ 7 月。生于海拔 900 ～ 3400m 的常绿阔叶林下、林缘或岩石上。

多穗兰 *Polystachya concreta* (Jacq.) Garay et Sweet
附生草本。假鳞茎略压扁。叶片狭长圆形或狭倒卵状披针形，长 7 ～ 18cm，宽 1.2 ～ 3.4cm，先端钝或略有不等的 2 浅裂，基部收狭成柄并下延为叶鞘。花序顶生，花序轴有狭翅，每个花序具 3 ～ 8 朵花，花小，较密集，淡黄色。花果期 8 ～ 9 月。生于海拔 650 ～ 1500m 的密林中或灌丛中的树上。

小片菱兰 *Rhomboda abbreviata* (Lindley) Ormerod
多年生草本。叶片卵形披针形，顶端急尖，基部具管状鞘。总状花序具多数花，花苞片粉红色，花半开，萼片绿白色，花瓣白色。花期 8 ～ 9 月。生于海拔 600 ～ 1200m 的林下或箐沟中。

钻喙兰 *Rhynchostylis retusa* (L.) Bl.
附生草本。植株具发达而肥厚的气根。叶肉质，2 列，外弯，宽带状，长 20 ～ 40cm，宽 2 ～ 4cm，先端不等侧 2 圆裂，基部具宿存的鞘。花序腋生，花白色而密布紫色斑点，唇瓣前唇朝上，中部以上紫色，中部以下白色。蒴果倒卵形或近棒状。花期 5 ～ 6 月，果期 9 ～ 11 月。生于海拔 350 ～ 1400m 的疏林中或林缘树干上。

寄树兰 *Robiquetia succisa* (Lindl.) Seidenf. et Garay
附生草本。茎圆柱形，下部节上具发达而分枝的根。叶 2 列，长圆形，长 6 ～ 12cm，宽 1.5 ～ 2cm，先端近截头状并且啮蚀状缺刻。圆锥花序密生许多小花，萼片和花瓣淡黄色或黄绿色，唇瓣白色，侧裂片带紫褐色，距黄绿色。花期 6 ～ 9 月，果期 7 ～ 11 月。生于海拔 570 ～ 1150m 的疏林中树干上或山崖石壁上。

大喙兰 *Sarcoglyphis smithianus* (Kerr) Seidenf.
附生草本。茎直立。叶片狭长圆形或稍镰刀状长
圆形，长 11 ～ 19cm，宽 1.5 ～ 2cm，先端钝并
且不等侧 2 裂。花序下垂，比叶长，花序轴纤细，
总状花序或圆锥花序具多数花，花白色带紫，
唇瓣紫色，距近圆锥形。花期 4 月。生于海拔
540 ～ 650m 的常绿阔叶林中树干上。

匙唇兰 *Schoenorchis gemmata* (Lindl.) J. J. Smith
附生草本。叶 2 列，扁平，对折呈狭镰刀状或半
圆柱状向外下弯，长 4 ～ 13cm，宽 5 ～ 13mm，
先端钝并且不等侧 2 裂，基部具紧抱于茎的鞘。
圆锥花序从叶腋发出，密生许多小花，花紫红色，
侧萼片近唇瓣的一侧边缘白色，唇瓣匙形，3 裂，
侧裂片紫红色，中裂片白色。花期 6 ～ 8 月，果
期 10 ～ 12 月。生于海拔 1320 ～ 2000m 的江边
阔叶林中树干上。

苞舌兰 *Spathoglottis pubescens* Lindl.
附生草本。假鳞茎扁球形，顶生 1 ～ 3 枚叶。叶
片带状，长达 43cm，宽 1 ～ 1.7cm，先端渐尖，
基部收窄为细柄，两面无毛。花葶纤细，密布柔
毛，总状花序，花黄色，唇瓣 3 裂，两侧裂片
之间凹陷而呈囊状。花期 7 ～ 10 月。生于海拔
380 ～ 1700m 的山坡草丛中或疏林下。

黄花大苞兰 *Sunipia andersonii* (King et Pantl.) P.
F. Hunt
附生草本。假鳞茎在根状茎上疏生，顶生 1 枚叶。
叶片长圆形，长 5cm，宽 7mm，先端钝并且稍凹入。
花葶侧生于假鳞茎基部，总状花序具少数花，花
淡黄色或黄绿色，花瓣下半部边缘具流苏，唇瓣
深黄色。花期 9 ～ 10 月。生于海拔 700 ～ 1700m
的山地林中树干上。

大苞兰 *Sunipia scariosa* Lindl.
附生草本。假鳞茎顶生 1 枚叶。叶片长圆形，长
12 ～ 16.5cm，宽约 2cm，先端钝并且稍凹入。花
葶出自假鳞茎的基部，总状花序弯垂，具多数花，
花苞片整齐排成 2 列，舟状，花被包藏于花苞片内，
淡黄色。花期 3 ～ 4 月。生于海拔 870 ～ 2500m
的山地疏林中树干上。

带叶兰 *Taeniophyllum glandulosum* Bl.

附生草本。植株很小，无绿叶。根多，簇生。总状花序，具 1 ～ 4 多花，花苞片 2 列，花黄绿色。花期 4 ～ 7 月，果期 5 ～ 8 月。生于海拔 720 ～ 1100m 的山地林中树干上。

阔叶带唇兰 *Tainia latifolia* (Lindl.) Rchb. f.

地生草本。假鳞茎顶生 1 枚叶。叶片椭圆形或椭圆状披针形，长 13 ～ 32cm，宽 4 ～ 7cm，先端渐尖，基部收狭为柄，具 3 条较明显的脉。总状花序疏生多数花，子房呈棒状，花具香气，萼片和花瓣深褐色，萼囊短钝，唇瓣黄色，上部 3 裂。花期 3 ～ 4 月。生于海拔 700 ～ 1400m 的疏林中。

高褶带唇兰 *Tainia viridifusca* (Hook.) Benth. et Hook. f.

地生草本。假鳞茎顶生 1 枚叶。叶片长圆形或长椭圆形，长达 50cm，宽约 3cm，先端长渐尖，基部具长柄，具折扇状脉。总状花序疏生 9 ～ 10 朵花，花苞片黄绿色，花褐绿色或紫褐色，唇瓣白色，药帽顶端具 2 个紫色斑点。花期 4 ～ 5 月。常生于海拔 1500 ～ 2000m 的常绿阔叶林下。

滇南矮柱兰 *Thelasis khasiana* Hook. f.

附生草本。假鳞茎顶端具 1 枚叶。叶片倒披针状狭长圆形，长 9 ～ 12cm，宽 1.2 ～ 1.5cm，先端钝，基部收狭成柄。花葶生于假鳞茎基部，总状花序具二十余朵小花，花淡黄绿色。花期 7 月。生于海拔 900m 的透光林中的树干上。

白点兰 *Thrixspermum centipeda* Lour.

附生草本。叶 2 列互生，稍肉质，长圆形，长 6 ～ 24cm，宽 1 ～ 2.5cm，先端钝且不等侧 2 裂，基部楔形收狭，具 1 个关节和抱茎的鞘。花序单一或成对与叶对生，向外伸展，花序常在两侧边缘具透明的翅，花苞片排成 2 列，肉质，两侧对折呈牙齿状，花白色或奶黄色，后变为黄色。花期 6 ～ 7 月。通常生于海拔 100 ～ 1100m 的山地林中树干上。

吉氏白点兰 *Thrixspermum tsii* W. H. Chen et Y. M.

直立草本。植株下垂，叶 2 列互生。肉质，长圆

形，长 30 ～ 40cm，宽 5 ～ 6mm，先端钝并不等
侧 2 裂，基部抱茎且具鞘。总状花序具 1 ～ 3 朵花，
花苞片 2 列排列，花白色，后变成淡黄色，唇瓣
稍袋形，唇盘金黄色。花期 4 ～ 5 月，果期 6 ～ 8
月。生于海拔 1400m 的林中树干上（蒋日红等，
2011）。

笋兰 *Thunia alba* (Lindl.) Rchb. f.

地生或附生草本。秋季叶脱落后仅留筒状鞘，
貌似多节竹笋。叶片狭椭圆形或狭椭圆状披针
形，长 10 ～ 20cm，宽 2.5 ～ 5cm，先端长渐
尖或渐尖，基部具筒状鞘并抱茎。总状花序，
花苞舟状，花白色，唇瓣黄色而有橙色或栗色
斑和条纹。花期 5 ～ 6 月，果期 8 ～ 11 月。
生于海拔 1300 ～ 2280m 的林下岩石上或树
杈上。

中泰叉喙兰 *Uncifera thailandica* Seidenfaden et Smitinand

附生草本。茎短。叶片带状。总状花序下垂，多花，
萼片淡紫色带白色，花瓣浅绿，带紫色，唇瓣白色，
在顶端有一个紫色的斑点。花期 7 月。附生于海
拔 800 ～ 1200m 的沟谷雨林高大乔木上。

白柱万代兰 *Vanda brunnea* Rchb. f.

附生草本。茎具多数 2 列而披散的叶。叶片带状，
长 22 ～ 30cm，宽 2 ～ 2.5cm，先端具尖齿状缺刻，
基部具关节和鞘。花序疏生 3 ～ 5 朵花，花质地
厚，萼片和花瓣背面白色，内面黄绿色或黄褐色
带紫褐色网格纹。花期 3 ～ 6 月，果期翌年 2 ～ 6
月。生于海拔 800 ～ 1950m 的疏林中或林缘树
干上。

大花万代兰 *Vanda coerulea* Griff. ex Lindl.

附生草本。茎具多数 2 列叶。叶片带状，长
7 ～ 12cm，宽 1.7 ～ 2cm，先端近斜截并且具缺刻。
花序疏生数朵花，花大，质地薄，天蓝色，唇瓣
3 裂，侧裂片白色，内面具黄色斑点，中裂片深
蓝色。花期 10 ～ 11 月。生于海拔 1150 ～ 1600m
的河岸或山地疏林中树干上。

小蓝万代兰 *Vanda coerulescens* Griff.

附生草本。叶肉质，2 列，斜立，带状，长 9 ～ 18cm，

宽 1 ～ 2cm，先端斜截形且具缺刻，基部具宿存
而抱茎的鞘。花序轴疏生许多花，花梗和子房白
色带淡蓝色，花萼片和花瓣淡蓝色或白色带淡
蓝色，唇瓣深蓝色。花期 3 ～ 5 月。生于海拔
300 ～ 1130m 的疏林中树干上。

矮万代兰 *Vanda pumila* Hook. f.

附生多年生草本。茎具 2 列叶。叶片带状，外
弯，中部以下常 V 字形对折鞘，长 8 ～ 18cm，
宽 1 ～ 1.9cm。花序疏生 1 ～ 3 朵花，花向外伸
展，具香气，萼片和花瓣奶黄色，唇瓣背面奶
黄色，内面紫红色，中裂片上面奶黄色带 8 ～ 9
条紫红色纵条纹。花期 3 ～ 5 月。生于海拔
530 ～ 1800m 的山地林中树干上。

拟万代兰 *Vandopsis gigantea* (Lindl.) Pfitz.

附生草本。茎具 2 列叶。叶片肉质，外弯，宽带形，
长 40 ～ 50cm，宽 5.5 ～ 7.5cm，先端钝并且不等
侧 2 圆裂，基部具宿存、抱茎而彼此紧密套叠的
鞘。花序出自叶腋，总状花序下垂，密生多数花，
花金黄色带红褐色斑点。花期 3 ～ 4 月，果翌年
4 月开裂。生于海拔 800 ～ 1700m 的山地林缘或
疏林中，附生于大乔木树干上。

白肋线柱兰 *Zeuxine goodyeroides* Lindl.

多年生草本。茎具 4 ～ 6 枚叶。叶片卵形或长圆
状卵形，长 3 ～ 3.5cm，宽 1.8 ～ 2.5cm，先端急
尖，基部钝，叶面绿色，沿中肋具 1 条白色的条纹。
总状花序，花苞片粉红色，花较小，白色或粉红色。
花期 9 ～ 10 月。生于海拔 1200 ～ 2500m 的石灰
岩山谷或山洼地密林下。

莎草科 Cyperaceae

浆果薹草 *Carex baccans* Nees

多年生草本，三棱形。叶基生和秆生，长于秆，
宽 8 ～ 12cm，背面光滑，叶面粗糙，基部宿存
叶鞘。苞片叶状，圆锥花序复出，支圆锥花序
3 ～ 8 个，单生。果囊倒卵状球形或近球形，近
革质，成熟时鲜红色或紫红色。花果期 8 ～ 12
月。生于海拔 760 ～ 2400m 的林边、河边及
村边。

小蓝万代兰

矮万代兰

拟万代兰

白肋线柱兰

浆果薹草

十字薹草 *Carex cruciata* Wahlenb.

多年生草本，秆三棱形。叶基生和秆生，长于秆，扁平，宽约 10mm，背面粗糙，叶面光滑，边缘具短刺毛，基部具宿存叶鞘。苞片叶状，圆锥花序复出，圆锥花序数个，通常单生。花果期 5～11 月。生于海拔 330～2500m 的林边或沟边草地、路旁、火烧迹地。

水蜈蚣 *Kyllinga monocephala* Rottb.

多年生草本，秆扁锐三棱形。叶通常短于秆，宽 2.5～4.5mm，平张，边缘具疏锯齿，叶鞘短，褐色。苞片叶状，斜展，穗状花序 1 个，少 2～3 个，圆卵形或球形，具极多数小穗。花果期 5～8 月。生于海拔 380～750m 的山坡林下、沟边、田边潮湿处。

砖子苗 *Mariscus sumatrensis* (Retz.) J. Raynal

草本，秆锐三棱形。叶短于秆，宽 3～6mm，下部常折合，向上渐成平张，边缘不粗糙，叶鞘褐色或红棕色。苞片叶状，通常长于花序，斜展，长侧枝聚伞花序简单，常具 6～12 个辐射枝。花果期 4～10 月。生于海拔 200～3200m 的山坡阳处、路旁草地、松林下或溪边。

禾本科 Gramineae

细柄草 *Capillipedium parviflorum* (R. Br.) Stapf.

多年生草本。叶鞘无毛，叶舌边缘具短纤毛，叶片线形，长 10～30cm，宽 2～7mm，顶端长渐尖，基部收窄，近圆形，两面无毛。圆锥花序长圆形，外稃线形，先端具一膝曲的芒。花果期 8～12 月。生于海拔 300～3000m 的山坡草地、河边、灌丛中。

弓果黍 *Cyrtococcum patens* (L.) A. Camus

一年生草本。叶鞘常短于节间，边缘及鞘口被疣基毛，叶片线状披针形，长 2～8cm，宽 3～8mm，顶端长渐尖，基部圆形或近圆形，两面贴生短毛，近基部边缘具疣基纤毛。圆锥花序由上部秆顶抽出，第二小花背部凸起呈驼峰状。花果期 9 月至翌年 2 月。生于海拔 1900m 以下的丘陵杂木林或草地较阴湿处。

龙竹 *Dendrocalamus giganteus* Munro

乔木状竹类，节间幼时在外表被有白蜡粉，每节分多枝，主枝常不发达。竿箨早落，箨鞘大型，鲜时带紫色，全缘，背面贴生暗褐色刺毛，箨耳多少有些外翻，箨舌显著，边缘有短齿状裂刻。末级小枝具 5～15 叶，叶片长圆状披针形，大小变异较大，长达 45cm，宽 10cm。零星开花，花时几无叶，连续开花两年后整丛死亡，未见结实。本种在我国云南东南至西南部各地均有分布。

淡竹叶 *Lophatherum gracile* Brongn.

多年生草本。秆直立，高 40～80cm。叶鞘平滑，叶舌质硬，叶片披针形，长 10～25cm，宽 1～5cm，先端渐尖或长渐尖，具横脉，有时被柔毛，基部收窄成柄状。圆锥花序分枝斜升或开展，不育外稃互相密集包卷呈球状，先端有短直芒，表面密生向下的小糙刺。花果期 6～10 月。生于海拔 90～1300m 的疏林及灌丛中。

刚莠竹 *Microstegium ciliatum* (Trin.) A. Camus

多年生草本。秆高 1m 以上，花序以下和节均被柔毛。叶鞘背部具柔毛，叶舌膜质具纤毛，叶片披针形，长 10～25cm，宽 5～25mm，两面具柔毛，顶端渐尖或成尖头，中脉白色。总状花序 5～15 枚着生于短缩主轴上呈指状排列。花果期 9～12 月。生于海拔 2300m 以下的疏林、林缘、灌丛及草坡。

竹叶草 *Oplismenus compositus* (L.) Beauv.

多年生草本。叶片披针形，长 3～20cm，宽 5～30mm，基部包茎而不对称，边缘疏生纤毛，具横脉。圆锥花序主轴无毛，分枝互生而疏离，小穗孪生。花果期 9～11 月。生于海拔 100～2500m 的灌丛、疏林下阴湿处。

白草 *Pennisetum centrasiaticum* Tzvel.

多年生草本。叶片狭线形，长 5～35cm，宽 2～7mm，两面无毛。圆锥花序紧密，直立或稍弯曲，小穗通常单生。颖果长圆形。花果期 7～10 月。多生于海拔 800～4600m 山坡和较干燥之处。

芦苇 *Phragmites australis* (Cav.) Trin. ex Steud.
多年生草本，高 1 ～ 3m。叶舌边缘密生短纤毛，叶片披针状线形，长 20 ～ 50cm，宽 1 ～ 3cm，无毛，顶端长渐尖成丝形。圆锥花序大型，分枝多数着生稠密下垂的小穗。花期 7 ～ 10 月，果期 11 ～ 12 月。生于江河湖泽、池塘沟渠沿岸和低湿地。

钩毛草 *Pseudechinolaena polystachya* (H. B. K.) Stapf
草本。叶鞘边缘一侧密被纤毛，叶片披针形，长 2 ～ 8cm，宽 6 ～ 12mm，无毛，先端渐尖，基部圆楔形。圆锥花序狭窄，具 3 ～ 5 总状分枝，小穗稀疏排列，第二颖舟形，脉间有钩状刺毛，成熟后开展。花果期 9 ～ 10 月。生于海拔 100 ～ 1000m 的山地疏林下。

囊颖草 *Sacciolepis indica* (L.) A. Chase
一年生草本，高 20 ～ 100cm。叶鞘具棱脊，叶舌膜质，顶端被短纤毛，叶片线形，长 5 ～ 20cm，宽 2 ～ 10mm，基部较窄，无毛。圆锥花序紧缩成圆筒状，小穗卵状披针形，绿色或染以紫色。花果期 7 ～ 11 月。生于海拔 100 ～ 2400m 的溪沟边、水池边、灌丛中和疏林下。

皱叶狗尾草 *Setaria plicata* (Lam.) T. Cooke
多年生草本。叶片鞘背生短毛，边缘常密生纤毛，叶片椭圆状披针形，长 5 ～ 30cm，宽 5 ～ 35mm，先端渐尖，基部渐狭呈柄状，两面具疏疣毛。圆锥花序狭长圆形或线形，分枝斜向上升。花果期 6 ～ 10 月。生于海拔 2400m 以下的山坡林下、沟谷地阴湿处或路边杂草地上。

粽叶芦 *Thysanolaena maxima* (Roxb.) Kuntze
多年生草本。叶片披针形，长 20 ～ 60cm，宽 3 ～ 8cm，具横脉，顶端渐尖，基部心形，具柄。圆锥花序大型，柔软，分枝多。颖果长圆形。一年有两次花果期，春夏或秋季。生于海拔 1600m 以下的山坡、山谷或树林下和灌丛中。

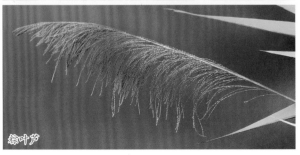

参考文献

陈又生. 2010. 蓝花野茼蒿, 中国菊科一新记录归化种[J]. 热带亚热带植物学报, 1(1): 47-48.

蒋日红, 农东新, 吴望辉, 许为斌. 2011. 广西白点兰属(兰科)植物新资料[J]. 广西植物, 32(5): 610-611.

钱义咏. 1996. 云南姜花属二新种[J]. 植物分类学报, 34(4): 443-446.

秦仁昌. 1978. 中国蕨类植物科属的系统排列和历史渊源(续)[J]. 中国科学院大学学报, 16(4): 16-37.

苏建荣, 刘万德, 李帅锋, 郎学东. 2015. 西部季风常绿阔叶林恢复生态学[M]. 北京: 科学出版社.

云南植被编写组. 1987. 云南植被[M]. 北京: 科学出版社.

赵宣武, 徐崇华, 杜凡, 李志宏, 王发忠, 宋放. 2018. 极小种群物种菜阳河柿的确认[J]. 西部林业科学, 47(2): 44-47.

郑万钧, 傅立国, 诚静容. 1975. 中国裸子植物[J]. 植物分类学报, 13(4): 56-123.

中国植被编辑委员会. 1980. 中国植被[M]. 北京: 科学出版社.

中文名索引

拉丁名索引